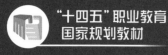

"十四五"职业教育
国家规划教材

高等职业教育机械类
新形态一体化教材

机械设计基础

（第三版）

主编 徐钢涛 张建国

副主编 刘海娥 张思婉

中国教育出版传媒集团

高等教育出版社·北京

内容提要

本书是"十四五"职业教育国家规划教材，是在第二版的基础上修订而成的。

本书共十五章，介绍一般机械中常用机构和通用零部件的结构、运动特性、工作原理、工程应用，给出了带传动和齿轮传动的设计计算方法和步骤，力求能给学生一个比较完整的机械设计基础知识和基本思路，同时引入较新内容，如机构创新设计、非圆齿轮传动、弹性连接、盘形制动等。

本书集多年机械设计基础课程教学经验和课件开发经验，在书中尝试制作了大量的立体图例和实物图例，其目的在于化抽象平面图例为简捷形象的立体图例，帮助学生识读零部件图，便于学习掌握零部件结构及相互连接关系，有利于培养学生工程意识和分析问题、解决问题的能力。同时，对于复杂的过程给出了中间环节的图画，以利于学习者的理解。

本书可供机械类、近机类专业学生使用，也可作为职工培训教材，参考学时为60～80学时。

授课教师如需本书配套的教学课件，可发送邮件至邮箱gzjx@pub.hep.cn获取。

图书在版编目（ＣＩＰ）数据

机械设计基础 / 徐钢涛，张建国主编 . -- 3 版 . --
北京：高等教育出版社，2022.9（2024.3重印）
ISBN 978-7-04-058115-7

Ⅰ.①机… Ⅱ.①徐… ②张… Ⅲ.①机械设计 – 高
等职业教育 – 教材 Ⅳ.① TH122

中国版本图书馆 CIP 数据核字（2022）第 026196 号

机械设计基础（第三版）
JIXIE SHEJI JICHU

| 策划编辑 | 张 璋 | 责任编辑 | 张 璋 | 封面设计 | 于 博 | 版式设计 | 张 杰 |
| 责任绘图 | 于 博 | 责任校对 | 刁丽丽 | 责任印制 | 存 怡 | | |

出版发行	高等教育出版社		网　址	http://www.hep.edu.cn
社　址	北京市西城区德外大街4号			http://www.hep.com.cn
邮政编码	100120		网上订购	http://www.hepmall.com.cn
印　刷	北京华联印刷有限公司			http://www.hepmall.com
开　本	787mm×1092mm　1/16			http://www.hepmall.cn
印　张	15.5			
字　数	370 千字		版　次	2007 年 5 月 第 1 版
插　页	3			2022 年 9 月 第 3 版
购书热线	010-58581118		印　次	2024 年 3 月 第 3 次印刷
咨询电话	400-810-0598		定　价	48.80 元

第三版前言

本书是在《机械设计基础》(第二版)的基础上,吸取原教材在教学实践中所取得的经验修订而成的。

本次修订,为加快推进党的二十大精神进教材、进课堂、进头脑,落实二十大提出的"科教兴国战略、人才强国战略、创新驱动发展战略",将课程的思政育人体系进行了全面修订。拓展和完善了教材配套的数字化资源,进一步创新和开发了相应的新型数字教材,对推进教育数字化具有重要意义。

修订前,编者广泛听取了有关学校师生的意见,确定了修改的重点和总体方案:继续保持第二版教材的体系与特色,以新形态一体化教材思路进行内容组织;融入了课程思政内容;在文字、插图、工程应用及练习题方面做了进一步修订。

具体的修订工作主要有以下几个方面:

1. 基于机械设计基础课程特质,以党的二十大精神为引领,深耕教材,挖掘课程的思政教育融入点,以"文化自信、团结协作、大国工匠、理论联系实际、安全意识、开拓创新"为核心内容,构建了教材思政育人体系。以"坚定文化自信,推陈出新"弘扬中华民族文明与大国重器;以"团结协作、无私奉献(红旗渠精神)"突出团结协作精神;以"大国工匠、高技能人才"突出分析问题的方法;以"理论联系实际、不断开拓创新(延安精神)"突出密切联系实际;以"突出安全意识、着力推动高质量发展"大力弘扬劳模精神,保安全,创高效。

2. 以"推进教育数字化,建设全民终身学习的学习型社会"为引领,设计和开发教材配套的数字化资源。结合作者参与的横向项目及资源开发经验,增加了工程案例,同时增加了基于H5+canvas的二维动画和基于three.js WebGL的三维动画资源,数字资源丰富。

3. 减少了书中部分内容的理论分析,对深度与难度进行了适当降低,加强了在工程中的应用。

4. 书中部分插图作了更新,使之更加符合认知规律,便于学习。

5. 部分章节的思考与练习题作了更新,采用了实际项目中的案例,便于学习者能够联系实际,以此来提高学生的求知欲及解决实际问题的能力。

6. 附录的3张三维彩色图(单缸内燃机、一级、二级圆柱齿轮减速器)作了更新。

7. 采用了已正式颁布的最新国家标准。

参加本书修订工作的有:徐钢涛(第4章、第9章),张建国(第5章、第13章),刘海

娥（第7章、第11章）、张思婉（第1章、第3章、第6章）、冯雅珊（第2章、第12章）、李世显（第8章、第10章）、郑松（第14章、第15章）。全书由郑州铁路职业技术学院徐钢涛和张建国任主编，刘海娥、张思婉任副主编。

本书插图由徐钢涛和杨宇设计制作。

本书附带的数字化资源由徐钢涛设计制作。

鉴于编者水平有限，书中难免会有不妥之处，恳请同行和广大读者批评指正。

编　者

2022 年 11 月

第二版前言

本书是在《机械设计基础》的基础上，吸取原教材在教学实践中所取得的经验修订而成的。

修订前，编者广泛听取了有关学校师生的意见，确定了修改的重点和总体方案：继续保持第一版教材的体系与特色，以立体化教材思路进行内容组织；在文字、插图、工程应用方面做了进一步修改。

具体的修订工作主要有以下几个方面。

1. 保持原书体系，对原书的部分内容进行了增、删或改写，使之更便于教与学。对教材中部分内容减少了理论分析，对深度与难度也进行了适当降低，加强了在工程中的应用；删减了设计内容，仅保留了齿轮参数和带传动的设计计算；引入了目前应用较多的一些新内容，如弹性连接、胀紧连接等。

2. 全部采用彩色插图，便于学生理解和提高学习兴趣。

3. 增加 3 张三维彩色附图（单缸内燃机、一级圆柱齿轮减速器、二级圆柱齿轮减速器），诸多章节的练习题与这 3 张图有关。

4. 部分章节的练习题更加结合实际，以此来提高学生的求知欲及解决实际问题的能力。

5. 采用了已正式颁布的最新国家标准。

参加本书修订工作的有：徐钢涛（第 4 章、第 9 章、附图），张建国（第 12 章、第 13 章），刘海娥（第 2 章、第 7 章），张思婉（第 1 章、第 3 章、第 10 章），王清（第 11 章），赵晓（第 8 章、第 14 章、第 15 章），郭超（第 5 章、第 6 章）。全书由郑州铁路职业技术学院徐钢涛和张建国任主编，刘海娥、张思婉任副主编。

本书中的插图由徐钢涛和杨宇设计制作；本书附带的数字化学习资源由徐钢涛、李海胜、姚存治共同设计制作。

本书由河南工业大学李学雷教授审阅，他对书稿进行了认真、细致的审读，并提出了许多宝贵意见和建议，编者对此表示衷心的感谢。

鉴于编者水平有限，书中难免会有不妥之处，恳请同行和广大读者批评指正。

编　者
2017 年 2 月

第一版前言

高等职业教育是高等教育的重要组成部分，高质量的高等职业教育教材是培养合格高职人才的根本保证。本书是根据教育部制定的《高职高专教育机械设计基础课程教学基本要求》，结合编者多年的高等职业教育教学实践经验编写而成的，可供高等职业技术院校的机械类、机电类专业学生使用，也可作为职工培训教材，参考学时为 90 ~ 110 学时。

本书从培养学生初步机械设计能力入手，在内容取舍上，既保证基本知识内容，又注重知识的实用性，同时适当增加选学内容，如机构创新设计、非圆齿轮传动、谐波齿轮传动、摆线针式齿轮传动等。本书集多年机械设计基础课程教学经验和课件开发经验，作为尝试，在书中提供了大量的立体图例和实物图例，其目的在于化抽象的平面图例为简捷形象的立体图例，帮助学生识读零部件图，便于学习掌握零部件的结构及相互连接关系，增强学生学习的兴趣，有利于培养学生工程意识和分析问题、解决问题的能力。本书每章都附有适量的思考题及练习题，以便于学生课后复习巩固。本书在介绍了一般机械中通用零部件的结构和常用机构的运动特性、工作原理、工程应用之后，给出了机械传动方案设计及零件强度计算的一般方法，全书力求能为学生提供比较完整的机械设计的基础知识和基本思路。

本书编写具有以下特点：

1. 紧紧围绕高等职业教育的人才培养目标编排教材内容。正确处理知识、能力的辩证统一关系，其中理论知识部分深浅适度，知识应用部分突出，体现了高等职业教育的规律和人才培养要求。

2. 采用最新国家标准，积极推进最新标准的实施。

3. 引入机构创新知识和非圆齿轮传动、圆弧齿轮传动等内容。

4. 将传统的机械零件平面简图（图形）转换为立体图形，建立零件实体模型，说明基础知识与实际零件的关系，通过零件立体模型说明其结构、工作原理，使教学内容更加生动，更加有利于学生理解和学习相关内容。同时，对于复杂的过程，给出了中间环节的图画，利于学习者理解。

5. 本书文字简练，图文并茂，教学内容紧密联系实际，从工程实例入手说明原理，从而保证基础知识易学易懂。

鉴于各校教学安排的差异，在进行本课程教学时，教师可根据实际情况调整教材顺序和选用教学内容。

参加本书编写的有：郑州铁路职业技术学院徐钢涛（第9章9.1～9.12），张勤（第1、3、13章），郑州大学张绍林（第4、15、16章），郑州铁路职业技术学院吕维勇（第10、11章），郑州铁路职业技术学院单绍平（第5、6章），河南职业技术学院赵文涛（第2、14章、第9章9.13～9.15、附录），华东交通大学朱爱华（第7、8章），深圳信息职业技术学院鹿国庆（第12章）。全书由徐钢涛任主编，张勤任副主编。全书插图修描和立体插图的制作由郑州铁路职业技术学院徐钢涛、孔维波和单绍平负责。

山东科技大学张建中教授担任本书主审，他对书稿进行了认真、细致的审阅，并提出了许多中肯意见，在此表示深深的谢意。

由于作者水平所限，书中难免存在种种缺点和不当之处，恳请广大读者批评指正。

编　者
2006 年 12 月

目　　录

第1章

1

机械设计基础绪论

1.1 机器的组成及特征

1.1.1 引言

人类在长期的生产和生活实践中创造和发展了机械，其目的是减轻或替代人的劳动，提高生产率。在我国，机械的创造、发展及其使用有着悠久的历史。三千年前出现了简单的纺织机，两千年前绳轮、凸轮、连杆机构等已用于生产中。图1.1所示为汉朝时期的指南车与记里鼓车，它们利用了齿轮和齿轮系传动。记里鼓车的创造是近代里程表、减速器发明的先驱，是科学技术史上的一项重要贡献。

AR
指南车

AR
记里鼓车

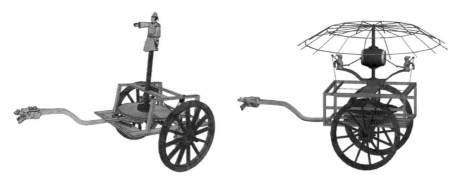

图1.1　指南车（左）与记里鼓车（右）

图1.2所示的是东汉时期发明的用水排来鼓风炼铁装置，它是利用水轮带动皮囊鼓风的机械装置，其工作原理是利用流水推动水轮带动大小绳轮转动，小绳轮上端面曲柄拉动连杆机构，使小绳轮每转一圈拉动一次风箱鼓风。这是机械工程史上的重要创造，比欧洲类似机械早约1 200年。先人的智慧总是令我们仰之弥高，钻之弥坚。

从古代机械到现代机械（机器）如汽车、机床等，都说明了随着科学技术的进步与发展，机器的种类不断增多，性能不断改进，功能不断扩大，机器既能承担人所不能承担的工作，又能提高生产率和产品质量。因此，机械的发展已经成为一个国家工业水平的标志之一。

本课程以常用机构及通用零部件为研究对象，是一门介绍机械设计基础知识和培养学生初步机械设计能力的课程。

1

动画
水排

图 1.2　用水排来鼓风炼铁装置

1.1.2　机器的组成及特征

图 1.3 所示为单缸内燃机的结构原理图，它由机架（缸体）1、曲轴 2、连杆 3、活塞 4、进气阀 5、排气阀 6、推杆 7、凸轮 8、齿轮 9 和 10 等组成。活塞、连杆、曲轴和缸体组成主运动部分，燃气推动活塞做往复移动，经连杆转换为曲轴的连续转动；凸轮、进排气阀推杆和缸体组成进排气的控制部分，凸轮转动，推动气阀按时启闭，分别控制进气和排气；曲轴上的齿轮和凸轮轴上的齿轮与缸体组成传动部分，曲轴转动，通过齿轮将运动传给凸轮轴。上述三部分共同将热能转换为曲轴的机械能。

AR
单缸内燃机

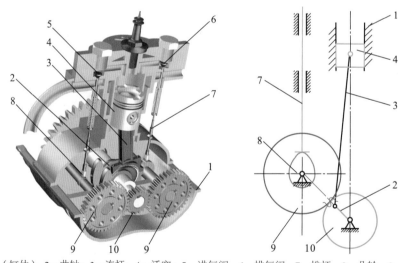

1—机架（缸体）；2—曲轴；3—连杆；4—活塞；5—进气阀；6—排气阀；7—推杆；8—凸轮；9、10—齿轮

图 1.3　单缸内燃机的结构原理图

机器种类繁多，结构形式多样，用途不同，但总的说来，机器有三个共同的特征：① 都是一种人为的实物组合；② 各部分之间具有确定的相对运动，即当其中一件的位置一定时，则其余各件的位置也就跟着确定；③ 能代替人类的劳动来完成有用的机械功或实现能量转换，完成特定任务、实现运动和力的传递和转换的机械系统。仅具备前两个特征的称为机构。机构由若干构件（其中一个构件为机架）组成（实物组合），构

件之间有确定的相对运动，用来传递力、运动或转换运动形式。例如：图1.3所示的单缸内燃机的主运动为平面连杆机构，控制部分为凸轮机构，传动部分为齿轮机构，该机构把活塞的往复移动转换成了曲柄的整周回转运动。

机器形状各异，但就其功能而言，机器由5个部分组成：动力部分、传动部分、控制部分、支承及辅助部分、执行部分，如图1.4所示。

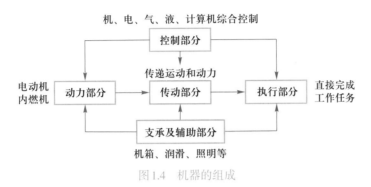

图1.4 机器的组成

机器与机构总称为机械。

1.1.3 零件、部件和构件

零件是制造单元，是机器的基本组成要素，是机械中不可分拆的单个制件。概括地讲机械零件可分为两大类：一类是在各种机器中都能用到的零件，称为通用零件，如齿轮、螺栓、轴等；另一类则是在特定类型的机器中才能用到的零件，称为专用零件，如曲轴、吊钩、叶片等。此外，由若干装配在一起的零件所组成的组合件，称为部件，如减速器、离合器等。

从机械实现预期运动和功能角度看，机构中形成相对运动的各个运动单元称为构件。构件可以是单一的零件，也可以是由若干零件组成的运动单元。图1.5所示的内燃机连杆是由连杆体1、轴套2、连杆头3、螺钉4、垫圈5、轴瓦6、定位销7等零件组成的，它是一个构件，其一端与活塞相连，另一端与曲轴相配合。

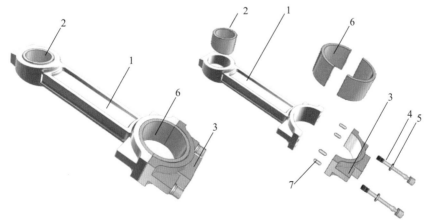

AR
内燃机连杆

1—连杆体；2—轴套；3—连杆头；4—螺钉；5—垫圈；6—轴瓦；7—定位销

图1.5 内燃机连杆

1.2　本课程的内容、任务和学习方法

1.2.1　主要内容、任务

本课程主要讨论常用机构的工作原理、运动性能、功能特性、设计方法，讨论常见通用零部件在一般工作条件下的结构特点、设计计算、选用及维护。

本课程的主要内容：

（1）连接部分——螺纹连接、键、销连接、轴毂连接、弹性连接、联轴器、离合器等。

（2）传动部分——齿轮传动、带传动、链传动、蜗杆传动、齿轮系等。

（3）支承部分——滑动轴承、滚动轴承、轴等。

（4）常用机构部分——平面连杆机构、凸轮机构、间歇机构等。

本课程的任务为：

（1）了解常用机构及常用零部件的工作原理、类型、运动特性及应用等基本知识。

（2）掌握常用机构的基本理论和设计方法，掌握通用零部件的失效形式、设计准则与设计方法。

（3）具备查阅标准手册、设计简单机械及传动装置的基本能力。

1.2.2　学习方法

（1）认识、了解机械。学习课程时要理论联系实际，多注意观察各种机械设备，掌握各种机构、零部件的基本原理和结构。

（2）掌握方法，形成总体概念。各机构、零部件在机器中的作用是不同的，机器的功能建立在机构的功能及主要零部件综合性能基础上，学习机构、零部件的特点及设计方法时，要从机器总体出发，将各章节讨论的各种机构、通用零件有机地联系起来，防止孤立、片面地学习各章内容。

（3）理解经验公式、参数、简化计算的使用条件，重视结构设计分析及方案选用。

1.3　机械设计的基本要求

机械设计的任务是开发适应社会需求的各种新的机械产品，以及对原有机械进行改造，从而改变或提高原有机械的性能。任何机械产品都始于设计，设计质量的高低直接关系到产品的功能和质量，关系到产品的成本和价格。机械产品设计应满足以下几方面的基本要求。

1. 实现预定功能

设计的机器应能实现预定功能，并在规定的工作条件下、规定的工作期限内正常运转。为此，必须正确选择机器的工作原理、机构的类型和机械传动方案，合理设计零件，满足强度、刚度、耐磨性等方面的要求。

2. 满足可靠性要求

机械产品的可靠性是由组成机械的零部件的可靠性保证的。只有零部件的可靠性高，才能使系统的可靠性高。要尽量减少机械系统的零件数目，对系统可靠性有关键影

响的零件，必须保证其必要的可靠性。

3. 符合经济合理性要求

经济指标是一项综合性指标，要求设计及制造成本低、机器生产率高、能源和材料耗费少、维护及管理费用较低等。

4. 确保安全性要求

要能保证操作者的安全和机械设备的安全，以及保证设备对周围环境无危害，应设置过载保护、安全互锁等装置。

5. 推行标准化要求

设计的机械产品规格、参数符合国家标准，零部件应最大限度地与同类产品互换通用，产品应成系列发展，推行标准化、系列化、通用化，提高标准化程度和水平。

6. 工艺造型美观

注重产品的工艺造型设计，不仅要功能强、价格低，而且要外形美观、实用，使产品在市场上富有竞争力。

1.4 机械零件设计的基本要求及一般步骤

1.4.1 机械零件设计的基本要求

设计零件时应满足的基本要求是从设计机器的要求中提出来的，一般概括为以下两点：

（1）使用要求。设计的零件应在预定的使用寿命周期内按规定的工作条件可靠地工作。

（2）经济性要求。经济性要求贯穿于零件设计的全过程，零件成本低，关键要注意以下几点：① 在满足强度条件时，合理选择材料；② 合理确定精度等级；③ 赋予零件良好的工艺性，降低装配费用；④ 尽可能采用标准化的零部件。

1.4.2 机械零件设计的一般步骤

通用机械零件设计的一般步骤可概括为：

（1）根据零件的功能及使用要求，选择零件类型并拟订计算简图；

（2）分析零件的受力状况，考虑各种因素对载荷的影响，确定计算载荷；

（3）根据零件的工作条件，合理选择材料及热处理方法，并确定许用应力；

（4）分析零件可能的失效形式，确定设计准则，确定零件的基本尺寸；

（5）确定零件的主要参数和几何尺寸，确定零件结构；

（6）绘制零件工作图，拟订技术要求。

上述设计步骤，对于不同的零件和工作条件，可以有所不同。另外，在设计过程中有些步骤是相互交错、反复进行的。

> 思考与练习题

1.1　何谓机构？何谓机器？何谓机械？各举例说明。

1.2　何谓通用零件？何谓专用零件？各举例说明。

1.3　指出下列机器的原动机、传动部分、执行部分和控制部分：（1）汽车；（2）电动自行车；（3）扫地机器人。

1.4　构件与部件都可以是由若干零件组成的，故构件和部件是一样的，这种说法对吗？

1.5　仔细观察附图一所示的单缸内燃机和附图二所示的一级圆柱齿轮减速器，回答下列问题：

（1）单缸内燃机由几个机构组成？各自完成了什么样的运动？

（2）减速器是部件还是零件？是机构还是机器？

第2章

2

平面机构的结构分析

机构由构件组成，主要功能是传递运动和转换运动形式，各构件之间通常具有确定的相对运动，但构件的任意拼凑组合不一定具有确定的相对运动。图2.1所示为用销连接起来的三杆构件，构件间无相对运动。图2.2所示为五杆构件，当只给定构件 AB 的运动规律时，其余构件的运动并不确定（ C 和 C' 、 D 和 D' 不重合）。图2.3所示为四杆构件，当构件 AB 为主动件时，其余构件具有确定的相对运动。

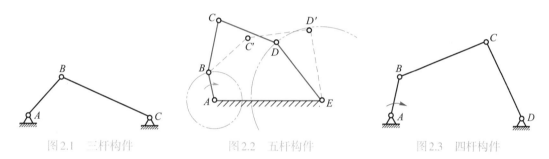

| 图2.1 三杆构件 | 图2.2 五杆构件 | 图2.3 四杆构件 |

若组成机构的所有构件都在同一平面或相互平行的平面内运动，则称该机构为平面机构，否则称为空间机构。

实际机构一般由外形和结构都较复杂的构件组成，为了便于分析和研究机构的运动，仅根据构件的连接特征和与运动有关的尺寸，用规定的符号，将实际机构绘制成机构运动简图。

本章主要讨论平面机构具有确定相对运动的条件和平面机构运动简图的绘制方法。

2.1 平面机构的组成及运动副

2.1.1 构件的自由度

构件是机构中具有相对运动的实物组合，是组成机构的主要元素。在空间直角坐标系内，一个自由状态的构件（刚体）具有六个独立运动的参数，即沿着三个坐标轴的移动和绕三个坐标轴的转动。对于一个做平面运动的构件，如图2.4所示，只有三个独立运动的参数，即构件 AB 绕垂直于 xOy 平面的 z 轴的转动，沿 x 轴或 y 轴方向移动，可以用三个独立参数 x_A 、 y_A 、 φ 来描述。构件相对于参考系所具有的独立运动的数

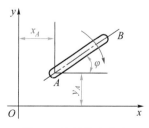

图2.4 构件的自由度

7

目，称为构件的自由度。

2.1.2　运动副与约束

平面机构中每个构件都不是自由构件，而是以一定的方式与其他构件组成可动连接，这种使两构件直接接触并能产生一定相对运动的连接称为运动副，因此运动副也是组成机构的主要元素。两构件组成运动副后，限制了两构件间的相对运动，即减少了自由度。运动副限制构件独立运动的作用称为约束。

2.1.3　运动副及其分类

根据组成运动副两构件之间的接触特性，运动副可分为低副和高副。

1. 低副

两构件以面接触组成的运动副称为低副。根据它们之间的相对运动是转动还是移动，运动副又可分为转动副和移动副。

（1）转动副。组成运动副的两构件之间只能绕某一轴线做相对转动的运动副称为转动副。通常转动副的具体形式是用铰链连接，即由圆柱销和销孔所构成的转动副，如图2.5所示。

（2）移动副。组成运动副的两构件只能做相对直线移动的运动副称为移动副，如图2.6所示。

AR
转动副

AR
移动副

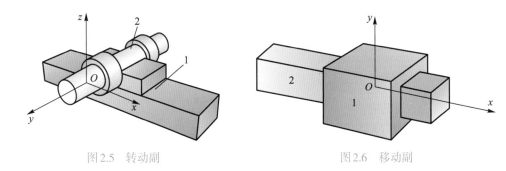

图2.5　转动副　　　　　　　　　　图2.6　移动副

图2.7所示为装载机铲斗上的实际低副。由上述可知，平面机构中的低副引入两个约束，仅保留一个自由度。

转动副　移动副　转动副　移动副

图2.7　装载机铲斗上的实际低副

2. 高副

　　两构件以点或线接触组成的运动副称为高副。如图2.8所示，构件1与构件2组成的高副中，构件1沿公法线nn方向的移动受到约束，而构件1相对于构件2则可沿接触点（线）A的切线tt方向移动，同时还可绕A点转动。由此可见，高副引入一个约束，保留了两个自由度。

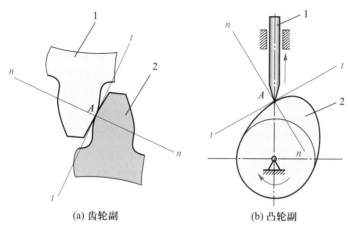

(a) 齿轮副　　　　　(b) 凸轮副

图2.8　高副

　　此外，常用的运动副还有球面副、螺旋副等，如图2.9、图2.10所示，它们都属于空间运动副。

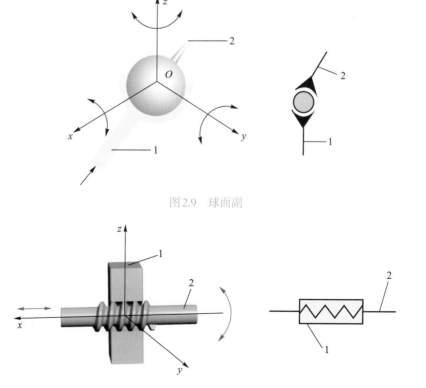

图2.9　球面副

图2.10　螺旋副

　　构件的自由度给我们一个重要启示：在生活和工作中需要正确处理自律与自由的关系。一个独立的构件是自由的，不受其他构件的约束，一旦它与其他构件形成运动副，它就会失去部分自由度，而完成某种预定的运动。一个独立的个人是自由的，一旦参加一个团队，就要受到团队纪律的约束。因此自由是相对的，世界上没有绝对的自由，在团队中个人要学会自律。

2.2　平面机构运动简图

2.2.1　平面机构简图和运动简图

　　机构简图是用特定的构件和运动副符号表示机构的一种简化示意图，仅表示机构运动传递情况和结构特征。由于机构的实际运动与机构中运动副的性质（低副或高副等）、运动副的数目及相对位置（转动副中心、移动副的中心线、高副接触点的位置等）、构件的数目等有关。因此，按一定的长度比例尺用规定的简化画法表示构件和运动副的图形称为机构运动简图。机构运动简图保持了其实际机构的运动特征，简明地表达了实际机构的运动情况。

2.2.2　平面机构运动简图的绘制

1. 运动副表示方法

　　机构运动简图中运动副表示方法如图2.11所示。转动副的符号简化为一个小圆圈表示，圆心代表相对转动的中心，等间距短斜线表示固定构件，也就是机架，图2.11a表示由两个可动构件组成的转动副，图2.11b、c表示两个构件中有一个构件是固定的转动副。

　　移动副的符号简化为粗实线和小方块表示，方块的中心表示移动导路中心，同样，等间距短斜线表示机架，如图2.11d~i所示。

　　两个构件组成高副时，其表示方法如图2.11j所示，画高副简图时应画出两构件接触处的曲线轮廓。

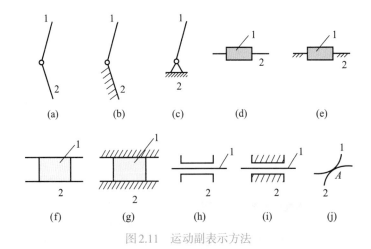

图2.11　运动副表示方法

2. 构件表示方法

机构运动简图中构件表示方法如图2.12所示。图2.12a、b表示能组成两个运动副的一个构件，图2.12a所示构件可组成两个转动副，图2.12b所示构件组成一个转动副和一个移动副；图2.12c、d表示能组成三个转动副的一个构件。

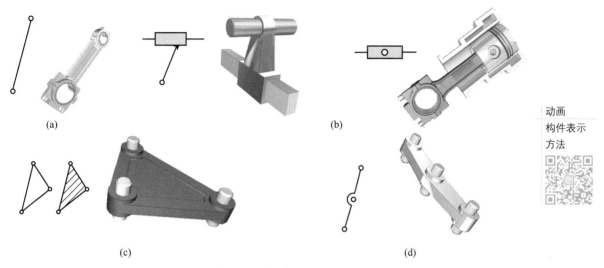

动画
构件表示
方法

(a)　　　　　　　　　　　　(b)

(c)　　　　　　　　　　　　(d)

图2.12　构件表示方法

3. 平面机构运动简图绘制

在绘制平面机构运动简图时，首先必须分析该机构的实际构造和运动情况，分清机构中的主动件（运动输入构件）及从动件；然后从主动件开始，沿着运动传递路线，仔细分析各构件之间的相对运动情况；从而确定组成该机构的构件数、运动副数及性质。在此基础上按一定的比例尺及特定的构件和运动副符号，正确绘制出机构运动简图。

绘制时应撇开与运动无关的构件及复杂外形和运动副的具体构造，同时应注意选择恰当的视图平面，避免构件相互重叠或交叉。例如：绘制单缸内燃机（图2.13）的机构运动简图，步骤如下：

（1）内燃机由连杆机构、齿轮机构和凸轮机构组成。气缸体1作为机架是固定件，活塞是主动件，其余构件都是从动件。

（2）各构件间的连接方式：活塞4与连杆3、连杆3与曲轴2、曲轴2与气缸体1、凸轮6与气缸体1之间均为相对转动，构成转动副。活塞4与气缸体1、进排气阀推杆5与气缸体1之间均为相对移动，构成移动副。齿轮7与齿轮8、凸轮6与进排气阀推杆5顶端之间为线和点接触，构成高副。

（3）图2.13a能清楚地表达各构件间的运动关系，所以选择此平面作为视图平面。

（4）选择比例尺：$\mu_l = \dfrac{\text{实际构件长度（m）}}{\text{图示构件长度（mm）}}$。

先从主动件开始，画出移动副的导路中心线及曲轴与机架构成转动副的位置作为基准，然后根据构件的尺寸和各运动副的位置，按选定的比例尺，用构件和运动副的规定符号，绘出机构运动简图，如图2.13b所示。

动画
单缸内燃机

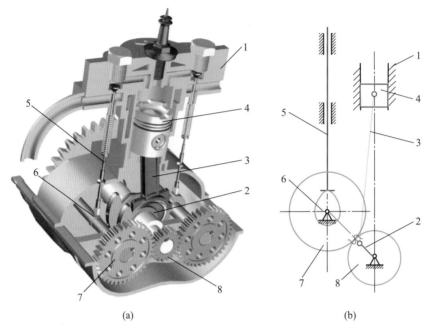

(a)　　　　　　　　　　　　(b)

1—气缸体；2—曲轴；3—连杆；4—活塞；5—进排气阀推杆；6—凸轮；7、8—齿轮

图2.13　单缸内燃机

2.3　平面机构的运动

2.3.1　平面机构的自由度

机构具有确定运动时所必须给定的独立运动参数的数目（亦即为了使机构的位置得以确定，必须给定的独立的广义坐标的数目），称为机构自由度，其数目常以F表示。

如图2.1所示的三杆构件，其没有运动的可能性。如图2.2所示的五杆构件，若只有一个主动件时，其他活动构件的运动是不确定的；但若给定两个主动件，则其余构件位置确定。如图2.3所示的四杆构件，若给定一个主动件，则其余构件位置确定。由此可见，构件组合后的运动或位置是否确定，与主动件的数目及机构自由度有关。

由前述可知：在平面机构中每个平面低副（转动副、移动副等）引入两个约束，使构件失去两个自由度；而每个平面高副（齿轮副、凸轮副等）引入一个约束，使构件失去一个自由度。

如果一个平面机构中包含有n个活动构件(机架为参考坐标系，相对固定而不计)，连接之前，这些活动构件的自由度总数应为$3n$，连接后若机构中有P_L个低副和P_H个高副，则所有运动副引入的约束数为$2P_L+P_H$。因此，机构自由度F应为：

$$F=3n-2P_L-P_H \tag{2.1}$$

2.3.2　平面机构具有确定运动的条件

由以上公式可知，机构的自由度必须大于零，该机构除机架之外的其他构件才能够运动。构件组合成为机构的充分和必要条件为：构件组合体的自由度必须大于零，且主动件的数目必须等于自由度数。

例2.1 计算图2.13所示单缸内燃机的自由度，并判断该机构的运动是否确定。

解 由前面的分析可知，单缸内燃机机构有5个活动构件，6个低副（其中有2个移动副、4个转动副），2个高副。即$n=5$，$P_L=6$，$P_H=2$。所以，该机构的自由度为：

$$F=3n-2P_L-P_H=3\times5-2\times6-2=1$$

由于机构是以具有一个独立运动的构件活塞4作主动件，主动件的数目等于机构自由度数，故机构具有确定的运动。

例2.2 计算图2.14所示推土机的自由度，并判断该机构的运动是否确定。

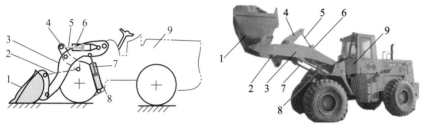

动画
推土机

1—铲斗；2—铲斗拉杆；3—大臂；4—活塞拉杆；5、7—活塞杆；6、8—液压缸；9—车体（机架）

图2.14 推土机

解 推土机机构有8个活动构件，分别是铲斗1、铲斗拉杆2、大臂3、活塞拉杆4、活塞杆5、液压缸6、活塞杆7、液压缸8；11个低副（其中有2个移动副，分别是活塞杆5与液压缸6之间、活塞杆7与液压缸8之间；有9个转动副，分别是构件1、2之间，2、3之间，1、3之间，2、4之间，3、4之间，4、5之间，6、9之间，8、9之间，3、9之间）。即$n=8$，$P_L=11$。所以，该机构的自由度为：

$$F=3n-2P_L-P_H=3\times8-2\times11-0=2$$

此机构有两个主动件（活塞杆5和7），主动件数等于机构自由度数，故机构的运动确定。

2.3.3 计算平面机构自由度时应注意的问题

应用式（2.1）计算平面机构的自由度时，应注意以下几点。

1. 复合铰链

两个以上的构件在一处组成的转动副，称为复合铰链。如图2.15a所示，构件1与构件2、3组成两个转动副。图2.15b为复合铰链的机构简图。3个构件组成的复合铰链包含2个转动副，如果由k个构件在同一处构成复合铰链，就构成$k-1$个共线转动副。

例2.3 图2.16所示为惯性筛的机构简图，试计算该机构的自由度。

解 该机构中，$n=5$，$P_L=7$（C处为复合铰链），$P_H=0$，所以该机构的自由度为：

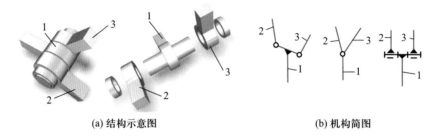

(a) 结构示意图　　　　　　　　　　(b) 机构简图

图2.15　复合铰链

$$F=3n-2P_{\text{L}}-P_{\text{H}}=3 \times 5-2 \times 7-0=1$$

2. 局部自由度

机构中不影响其输出与输入运动关系的个别构件的独立运动自由度，称为机构的局部自由度。在计算机构的自由度时，局部自由度除去不计。如图2.17a所示的凸轮机构中，为减少高副接触处的磨损，在从动件2上安装一个滚子3，使其与凸轮1的轮廓线滚动接触。显然，滚子绕其自身轴线的转动与否并不影响凸轮与从动件间的相对运动，因此滚子绕其自身轴线的转动为机构的局部自由度。在计算机构的自由度时应预先将转动副C和构件3除去不计。如图2.17b所示，设想将滚子3与从动件2固连在一起，作为一个构件来考虑，此时该机构中，$n=2$，$P_{\text{L}}=2$，$P_{\text{H}}=1$，其机构自由度为：

$$F=3n-2P_{\text{L}}-P_{\text{H}}=3 \times 2-2 \times 2-1=1$$

此凸轮机构只有一个自由度，是符合实际情况的。

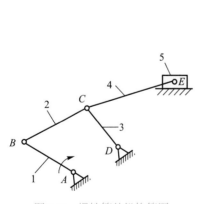

图2.16　惯性筛的机构简图

(a)　　　　　　　　(b)

1—凸轮；2—从动件；3—滚子

图2.17　局部自由度

3. 虚约束

在机构中与其他约束重复而不起限制运动作用的约束称为虚约束。在计算机构自由度时，应当除去不计。

例2.4 图2.18所示为机车车轮联动机构简图，其中，$l_{AB}=l_{CD}=l_{EF}$，$l_{BC}=l_{AD}$，$l_{CE}=l_{DF}$。试计算该机构的自由度。

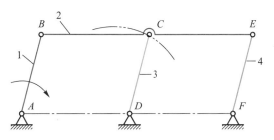

动画
机车车轮联动机构

图2.18　机车车轮联动机构简图

解　在此机构中$n=4$，$P_L=6$，$P_H=0$，所以其机构自由度为：

$$F=3n-2P_L-P_H=3\times4-2\times6-0=0$$

这表明该机构不能运动，显然与实际情况不符。进一步分析可知，机构中的运动轨迹有重叠现象。如果去掉构件4（转动副E、F也不再存在），当主动件1转动时，构件2上E点的轨迹是不变的。因此，构件4及转动副E、F是否存在对整个机构的运动并无影响，是多余约束或重复约束，即虚约束。因此，在计算机构自由度时应除去构件4和转动副E、F。此时机构中$n=3$，$P_L=4$，$P_H=0$，则机构自由度为：

$$F=3n-2P_L-P_H=3\times3-2\times4-0=1$$

此结果与实际情况相符。

由此可知，当机构中存在虚约束时，其消除办法是将含有虚约束的构件及其组成的运动副去掉。

平面机构的虚约束常出现于下列情况中：

（1）被连接件上点的轨迹与机构上连接点的轨迹重合时，这种连接将出现虚约束，如图2.18所示。

（2）两个构件组成多个移动副且其导路互相平行时，只有一个移动副起约束作用，其余都是虚约束，如图2.19所示（1为运动构件、2为机架）。

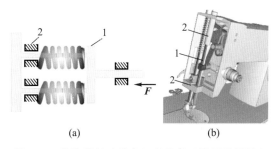

（a）　　　　　　（b）

图2.19　导路平行（重合）虚约束（缝纫机机针）

（3）两个构件组成多个转动副，其轴线重合时，只有一个转动副起约束作用，其余部分是虚约束。例如：一根轴上安装多个轴承，如图2.20所示（1为运动构件、2为机架）。

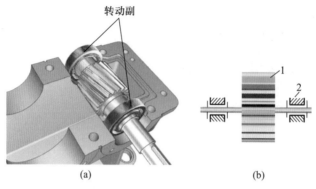

图 2.20　转动轴线重合虚约束

（4）机构中对运动不起限制作用的对称部分，如图2.21所示的齿轮系，中心轮1通过三个齿轮2、2′和2″驱动内齿轮3，齿轮2、齿轮2′、齿轮2″中有两个齿轮对传递运动不起独立作用，引入了虚约束。虚约束对机构运动虽然不起作用，但可以增加构件的刚性，改善受力情况，因而机构中经常出现虚约束。

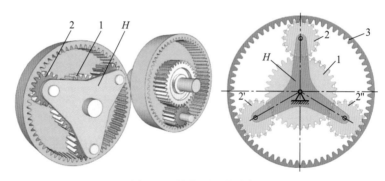

图 2.21　结构对称虚约束

例2.5　计算图2.22所示大筛机构的自由度。

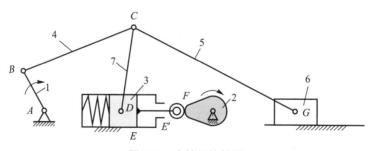

图 2.22　大筛机构简图

解　图中滚子 F 处有局部自由度。E 和 E' 为两构件组成的导路平行移动副，其中一个为虚约束。C 处为复合铰链。消除局部自由度，去掉虚约束后，机构中 $n=7$，$P_L=9$，$P_H=1$，则机构自由度为：

$$F=3n-2P_{\mathrm{L}}-P_{\mathrm{H}}=3 \times 7-2 \times 9-1 \times 1=2$$

此机构具有两个自由度，应当有两个主动件（构件1和2）。

思考与练习题

2.1　机构具有确定运动的条件是什么？

2.2　什么是低副？什么是高副？

2.3　什么是机构运动简图？平面机构运动简图如何绘制？

2.4　运动副是连接，连接也是运动副。这种说法对吗？

2.5　下列可动连接中，哪一个是高副？（　　　）

　　A. 内燃机的曲轴与连杆的连接　　　　B. 缝纫机的针杆与机头的连接

　　C. 车床拖板与床面的连接　　　　　　D. 火车车轮与铁轨的接触

2.6　计算图2.23所示机构的自由度，并指出特殊情况。

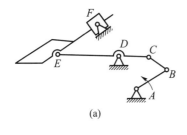

(a)

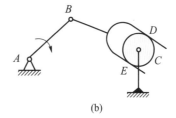

(b)

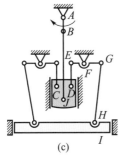

(c)

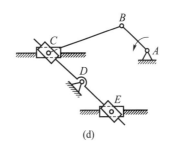

(d)

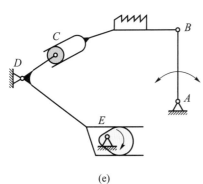

(e)

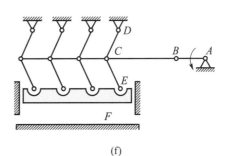

(f)

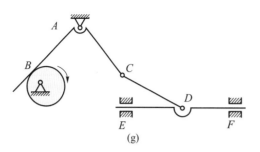 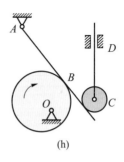

(g)   (h)

图2.23 题2.6图

2.7 图2.24所示为一机构初拟方案，由凸轮4带动摆杆3，使构件2做上下运动。试通过计算自由度分析该运动能否实现。若不能实现，请设计其改进方案。

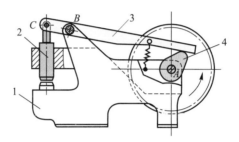

图2.24 题2.7图

3

平面连杆机构

由若干个构件通过低副连接，且所有构件在相互平行平面内运动的机构称为平面连杆机构。只携带转动副的构件，称为"杆"。由4个构件通过低副连接而构成的平面连杆机构，称为平面四杆机构。它是平面连杆机构中最常见的形式，也是组成多杆机构的基础。

平面连杆机构的主要优点有：由于组成运动副的两构件之间为面接触，因而承受的压强小、便于润滑、磨损较轻，可以承受较大的载荷；构件形状简单，加工方便，工作可靠；主动件等速运动时，如各构件的相对长度不等，从动件可以实现多种形式的运动，满足多种运动规律的要求。

主要缺点有：低副中存在间隙会引起运动误差，设计计算比较复杂，不易实现精确、复杂的运动规律；连杆机构运动时产生的惯性力也不适用于高速的场合，因而在应用上受到了一定的限制。

平面连杆机构的类型很多，构件多呈杆状，其中最常用的是由4个杆组成的平面四杆机构。因此，本章主要介绍平面四杆机构的类型、应用、特性及设计方法。

3.1 铰链四杆机构的基本形式及曲柄存在条件

3.1.1 铰链四杆机构的基本形式及应用

当四杆机构各构件之间以转动副连接时，称该机构为铰链四杆机构。图3.1所示的铰链四杆机构中，固定不动的杆4称为机架，与机架相连的杆1与杆3，称为连架杆；其中能相对机架做整周回转的连架杆称为曲柄，仅能在某一角度范围内做往复摆动的连架杆称为摇杆；连接两连架杆的杆2称为连杆，连杆2通常做平面复合运动。

根据连架杆运动形式的不同，铰链四杆机构可分为曲柄摇杆机构、双曲柄机构，双摇杆机构三种基本形式。

1. 曲柄摇杆机构

具有一个曲柄、一个摇杆的铰链四杆机构，称为曲柄摇杆机构（图3.1）。

在曲柄摇杆机构中，曲柄1为主动件时，可将曲柄的连续等速转动经连杆2转换为从动摇杆3的变速往复摆动。图3.2所示的送料机构即由两个完全相同的曲柄摇杆机构组合而成。

摇杆3为主动件时，可将摇杆的不等速往复摆动经连杆2转换为从动曲柄1的连续转动。图3.3所示为缝纫机踏板机构简图，当脚踏动踏板3（相当于摇杆）使其做往复摆动时，通过连杆 2 带动曲轴（相当于曲柄）做连续转动，使缝纫机进行缝纫工作。

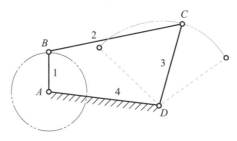

图 3.1　曲柄摇杆机构

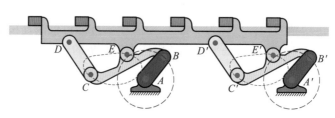

图 3.2　送料机构

2. 双曲柄机构

　　具有两个曲柄的铰链四杆机构，称为双曲柄机构（图 3.4）。

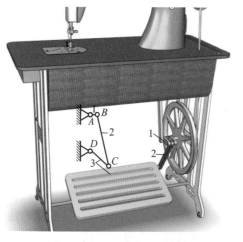

图 3.3　缝纫机踏板机构简图

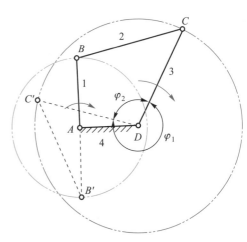

图 3.4　双曲柄机构

　　在双曲柄机构中，两曲柄可分别为主动件。若曲柄 1 为主动件，当曲柄 1 由 AB 转 180° 至 AB' 时，从动曲柄 3 由 CD 转至 $C'D$，转角为 φ_1；当主动曲柄继续再转 180° 由 AB' 转回至 AB 时，从动曲柄也由 $C'D$ 转回至 CD，转角为 φ_2，显然 $\varphi_1 > \varphi_2$。这表明主动曲柄匀速转动一周，从动曲柄变速转动一周。在图 3.5 所示的惯性筛中，$ABCD$ 为双曲柄机构，当曲柄 1 做等角速度转动时，曲柄 3 做变角速转动，通过连杆 2 使筛体产生变速直线运动，筛面上的物料由于惯性来回抖动，从而达到筛分物料的目的。

　　双曲柄机构中，常见的还有平行四边形机构和逆平行四边形机构。

（1）平行四边形机构。如图3.6所示，两曲柄长度相等，且连杆与机架的长度也相等，呈平行四边形。平行四边形机构的运动特点是：当主动曲柄1做等速转动时，从动曲柄3会以相同的角速度沿同一方向转动，连杆2则做平行移动。图3.7所示的机车车轮联动机构就是平行四边形机构的应用实例，它保证了机车车轮运动完全相同。

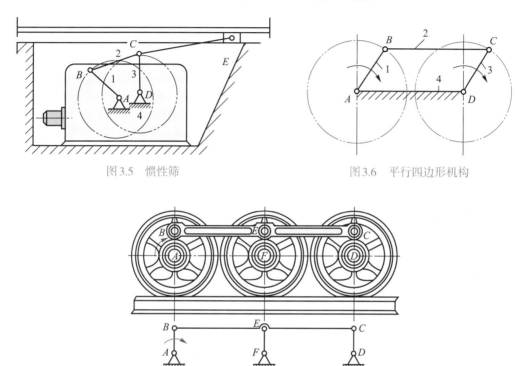

图3.5　惯性筛　　　　　　　　图3.6　平行四边形机构

图3.7　机车车轮联动机构

（2）逆平行四边形机构。如图3.8所示，两曲柄长度相等，且连杆与机架的长度也相等但不平行。逆平行四边形机构的运动特点是：当主动曲柄1做等速转动时，从动曲柄3做变速转动，并且转动方向与主动曲柄相反。图3.9所示的车门机构采用了逆平行四边形机构，以保证与曲柄1和3固连的车门能同时开和关。

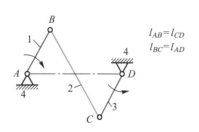
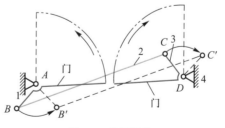

图3.8　逆平行四边形机构　　　　图3.9　车门机构

3. 双摇杆机构

铰链四杆机构中，若两连架杆均为摇杆，则称为双摇杆机构（图3.10a）。

在双摇杆机构中，两摇杆均可作为主动件。当主动摇杆1往复摆动时，通过连杆2带动从动摇杆3往复摆动。图3.10b所示门座起重机的变幅机构即为双摇杆机构，当主动摇杆1摆动时，从动摇杆3随之摆动，使连杆延长部分上的E点（吊重物处）在近似水平的直线上移动，避免因不必要的升降而消耗能量。

图3.11所示的汽车前轮转向机构也是双摇杆机构，两摇杆长度相等，四杆组成一等腰梯形，车轮分别固连在两摇杆上，当推动摇杆时，前轮随之转动，使汽车顺利转弯。

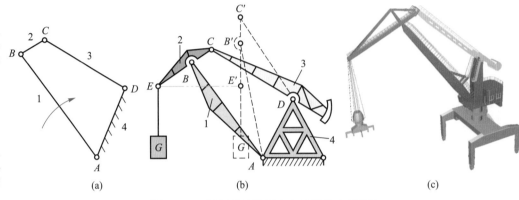

图 3.10　双摇杆机构及门座起重机的变幅机构

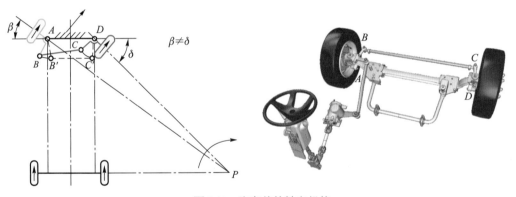

图 3.11　汽车前轮转向机构

3.1.2　铰链四杆机构曲柄存在条件

铰链四杆机构是否有曲柄，与机构中各杆的相对长度有关。

图3.12所示为曲柄摇杆机构，AB为曲柄，BC为连杆，CD为摇杆，AD为机架，各杆长度分别为l_1、l_2、l_3、l_4。为保证曲柄能做整圈旋转，曲柄AB必须能顺利通过与连杆BC共线的两个位置AB_1和AB_2，这时，机构各杆分别构成$\triangle AC_1D$与$\triangle AC_2D$。

在$\triangle AC_1D$中

$$l_2-l_1+l_4 \geqslant l_3$$

$$l_2-l_1+l_3 \geqslant l_4$$

在$\triangle AC_2D$中

$$l_1+l_2 \leqslant l_3+l_4$$

所以

$$
\left.\begin{array}{l}
l_3+l_1 \leqslant l_2+l_4 \\
l_4+l_1 \leqslant l_2+l_3 \\
l_2+l_1 \leqslant l_3+l_4
\end{array}\right\} \tag{3.1}
$$

上式两两相加得

$$
\left.\begin{array}{l}
l_1 \leqslant l_2 \\
l_1 \leqslant l_3 \\
l_1 \leqslant l_4
\end{array}\right\} \tag{3.2}
$$

分析式（3.1）和式（3.2）可得铰链四杆机构有一个曲柄的条件为：

（1）最短杆与最长杆长度之和应小于或等于其余两杆长度之和；

（2）曲柄为最短杆。

由图3.12可见，因AB是曲柄，能做360°旋转，所以AB与相邻两杆l_2、l_4之间的夹角β和φ可在0°~360°之间变化。根据相对运动原理，连杆BC和机架AD也可以相对曲柄做整圈旋转；而相对摇杆CD只能做小于360°的摆动。若取AB为机架，则BC杆和AD杆均为曲柄。由此，可得铰链四杆机构存在曲柄的条件为：

（1）最短杆与最长杆长度之和应小于或等于其余两杆长度之和；

（2）连架杆与机架中至少有一个是最短杆。

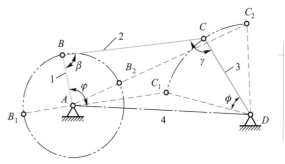

图3.12 曲柄摇杆机构

动画
曲柄摇杆
机构

铰链四杆机构中，若最短杆与最长杆长度之和小于或等于其余两杆长度之和，当最短杆是连架杆时，则为曲柄摇杆机构；当最短杆是机架时，则为双曲柄机构；当最短杆是连杆时，则为双摇杆机构。

铰链四杆机构中，若最短杆与最长杆长度之和大于其余两杆长度之和，则无论取任何杆为机架，都只能得到双摇杆机构。此外，对于两边分别相等的铰链四杆机构，不论取哪个杆为机架，均存在两个曲柄，该机构为平行四边形机构或逆平行四边形机构。

3.2 铰链四杆机构的演化形式

3.2.1 曲柄滑块机构和偏心轮机构

图3.13a所示的曲柄摇杆机构中，若将摇杆3变为直线运动的滑块（滑块是与一构件构成移动副，又与其他构件构成转动副的构件），转动副D改为移动副，则机构变化为图3.13b所示的曲柄滑块机构。若C点的运动轨迹mm正对曲柄转动中心A，则称为对心曲柄滑块机构（图3.13b）；若C点运动轨迹mm的延长线与曲柄回转中心A之间存在偏距

e，则称为偏置曲柄滑块机构（图3.13c）。滑块两个极限位置之间的距离称为行程，通常用 h 表示。

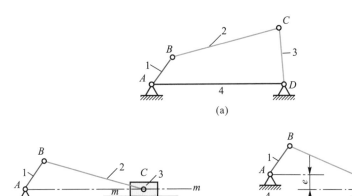

图3.13　曲柄滑块机构

曲柄滑块机构广泛应用于内燃机（图3.14）、空气压缩机、送料机构（图3.15）等。

在曲柄滑块机构中，当曲柄较短时，往往用一个旋转中心与几何中心不重合的偏心轮代替曲柄，称为偏心轮机构，如图3.16所示。图中构件1为偏心轮，偏心距 e（偏心轮的几何中心 B 点至旋转中心 A 点的距离）相当于曲柄长度。偏心轮机构常用于受力较大且滑块行程较小的剪床、冲床、颚式破碎机等。

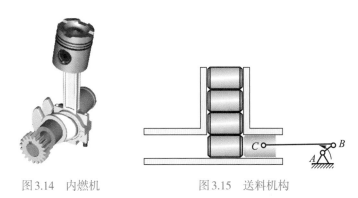

图3.14　内燃机　　　　图3.15　送料机构

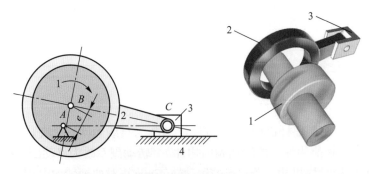

图3.16　偏心轮机构

3.2.2 导杆机构

导杆机构可看成是改变曲柄滑块机构中的机架演化得来的。图3.17a所示的曲柄滑块机构，若取杆1为机架，则得到图3.17b所示的导杆机构。其中杆4对滑块3的运动起导路作用，故称为导杆，滑块3相对导杆4滑动，并随导杆4一起绕A点转动。当$l_1 \leq l_2$时（图3.17b），杆2和导杆4均可整周回转，故称为曲柄转动导杆机构；当$l_1 \geq l_2$时（图3.18），杆2做整周回转，导杆4只能往复摆动，称为曲柄摆动导杆机构。图3.19所示的牛头刨床机构是曲柄摆动导杆机构的应用，图3.20所示的插床机构是转动导杆机构的应用。

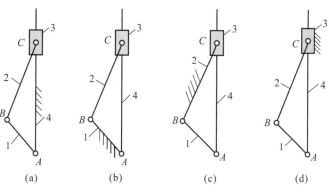

动画
曲柄转动导杆机构

图3.17 曲柄滑块机构的演化

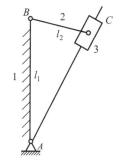

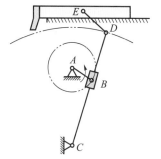
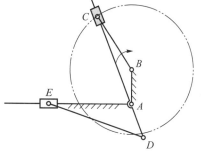

图3.18 曲柄摆动导杆机构　　图3.19 牛头刨床机构　　图3.20 插床机构

动画
曲柄摆动导杆机构

动画
牛头刨床机构

3.2.3 移动导杆机构和曲柄摇块机构

1. 移动导杆机构

在图3.17a所示的曲柄滑块机构中，若取滑块3为机架，则演化为导杆在滑块中移动的移动导杆机构（图3.17d）。图3.21所示的抽水唧筒即为其应用实例。

2. 曲柄摇块机构

在图3.17a所示的曲柄滑块机构中，若取杆2为机架，则演化为曲柄摇块机构（图3.17c）。该机构中杆1为曲柄，绕B点回转时，杆4相对于滑块3滑动，并与滑块3一起绕C点摆动。这种机构广泛应用于摆缸式内燃机和液压驱动装置中。例如：在图3.22所示自卸汽车的车厢自动翻转卸料机构中，当摆动液压缸3内的压力油推动活塞杆4从摆动液压缸3中伸出，车厢1绕车身2的B点倾转，将货物自动卸下。

动画
插床机构

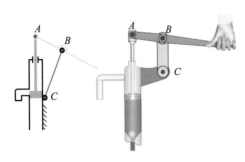

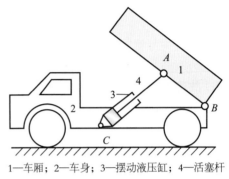

1—车厢；2—车身；3—摆动液压缸；4—活塞杆

图 3.21　抽水唧筒　　　　　　　　图 3.22　自卸汽车

3.2.4　曲柄移动导杆机构

图 3.23a 所示的曲柄滑块机构中，若将转动副 B 扩大，则该机构可等效为图 3.23b 所示的机构。若圆弧槽 $\overset{\frown}{mm}$ 的半径逐渐增加至无穷长，则演化为图 3.23c 所示的机构。此时连杆 2 转化为沿直线 mm 移动的滑块 2，转动副 C 变成移动副，滑块 3 转化为移动导杆。曲柄滑块机构便演化为具有两个移动副的四杆机构，此机构称为曲柄移动导杆机构。由于此机构在主动件 1 等速回转时，从动导杆 3 的位移 $y=l_{AB}\sin\alpha$，故又称正弦机构，如缝纫机引线机构（图 3.24）等。

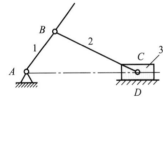

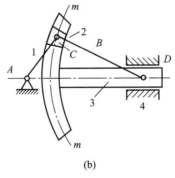

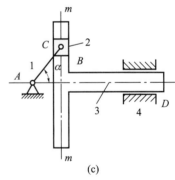

(a)　　　　　　　　　　(b)　　　　　　　　　　(c)

图 3.23　曲柄移动导杆机构的演化

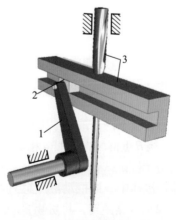

图 3.24　缝纫机引线机构

3.3 平面四杆机构的传动特性

3.3.1 急回特性

在图3.25所示的曲柄摇杆机构中，曲柄AB是主动件，以ω做等角速度转动，C_1D为CD杆的左极限位置，C_2D为CD杆的右极限位置，摇杆在两极限位置之间所夹角称为摇杆的摆角，用ψ表示。当曲柄AB顺时针从AB_1转到AB_2，摇杆CD由C_1D摆动到C_2D位置时，所需时间为t_1，其平均速度为$v_1 = \dfrac{\widehat{C_1C_2}}{t_1}$，曲柄转过角度$\varphi_1 = 180° + \theta$；当曲柄$AB$等速顺时针从$AB_2$转到$AB_1$，摇杆$CD$由$C_2D$摆回到$C_1D$位置时，所需时间为$t_2$，其平均速度为$v_2 = \dfrac{\widehat{C_1C_2}}{t_2}$，曲柄转过的角度$\varphi_2 = 180° - \theta$。因为$\varphi_1 > \varphi_2$，所以$t_1 > t_2$，则有$v_2 > v_1$，说明曲柄$AB$等角速度转动时，从动件摇杆$CD$往复摆动的平均速度不相等，返回时速度较大，这一性质称为机构的急回特性。

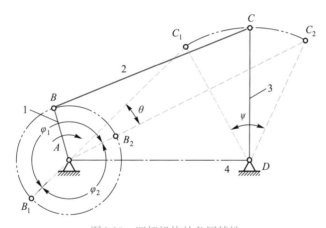

图 3.25　四杆机构的急回特性

动画
四杆机构的
急回特性

机构急回特性通常用行程速度变化系数K来表示，即在急回运动机构中，做往复运动的从动件在空回程中的平均速度与工作行程中的平均速度之比值。可用下式表示

$$K = \frac{v_2}{v_1} = \frac{\widehat{C_1C_2}/t_2}{\widehat{C_1C_2}/t_1} = \frac{t_1}{t_2} = \frac{\varphi_1}{\varphi_2} = \frac{180° + \theta}{180° - \theta} \tag{3.3}$$

式中，θ称为极位夹角，即摇杆（从动件）在极限位置时，曲柄两位置之间所夹锐角。

θ表示了急回程度的大小，θ越大，K值越大，机构急回的程度越高，但从另一方面看，机构运动的平稳性就越差；当$\theta = 0°$时，机构无急回特性。

设计机构时通常给定K值求算出θ角，在一般机械中取$1 \leqslant K \leqslant 2$。

综上所述，可得连杆机构从动件具有急回特性的条件是：

（1）主动件为曲柄，做等速整周转动；

（2）从动件做往复运动（有极限位置）；

（3）极位夹角$\theta > 0°$。

3.3.2　传力特性

平面连杆机构不仅要保证实现预定的运动要求，而且应当运转效率高，并具有良好的传力特性。通常以压力角或传动角表明连杆机构的传力特性。

在图3.26所示的曲柄摇杆机构中，若忽略各杆的质量和转动副中摩擦力的影响，则连杆2是二力杆，主动曲柄1通过连杆2传给从动摇杆3的力 F 沿 BC 方向。从动件 C 点的力 F 方向与速度 v_C 方向所夹的锐角 α 称为压力角，压力角的余角 γ 称为传动角。F 分解为两个分力 F_t 和 F_r，分别为

$$\left.\begin{array}{l} F_t = F\cos\alpha = F\sin\gamma \\ F_r = F\sin\alpha = F\cos\gamma \end{array}\right\} \tag{3.4}$$

显然，压力角越小，使从动件运动的有效分力越大，机构传动的效率也越高，所以可用压力角的大小判断机构的传力特性。

为了度量方便，常用压力角 α 的余角 γ 判断机构性能。由图3.26可知，传动角 γ 是连杆与摇杆所夹的锐角。因 $\gamma=90°-\alpha$，α 越小或 γ 越大，机构传力性能越好；当 γ 过小时，机构就不能传动。机构运转过程中，压力角 α 和传动角 γ 随从动件的位置而变化。为了保证机构能正常工作，要限制工作行程的最大压力角 α_{max} 或最小传动角 γ_{min}，一般设计时应使最小传动角 $\gamma_{min} \geqslant 40°$；对于高速和大功率的传动机械，应使 $\gamma_{min} \geqslant 50°$。

铰链四杆机构运转时的情况如图3.26所示，在曲柄与机架共线的两个位置，均可出现传动角 γ 的最小值，可通过计算或作图量取两个位置的传动角，其中最小值即为 γ_{min}。

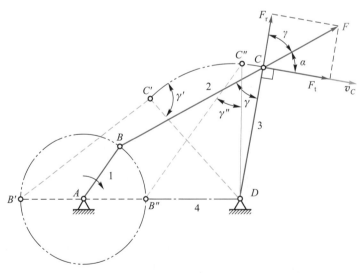

图3.26　压力角和传动角

对于偏置曲柄滑块机构（图3.27），曲柄为主动件时，其传动角 γ 为连杆与导路垂线所夹的锐角，因此当曲柄处于与偏距方向相反一侧垂直导路的位置时出现 γ_{min}；对于曲柄摆动导杆机构（图3.28），当曲柄 BC 为主动件时，因滑块对导路的作用力始终垂直于导杆，故其传动角 γ 恒为90°，这说明曲柄摆动导杆机构具有良好的传力性能。

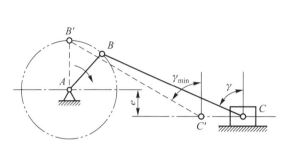

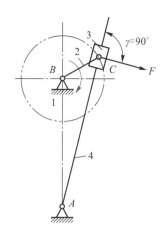

图 3.27　偏置曲柄滑块机构最小传动角　　　　图 3.28　曲柄摆动导杆机构传动角

3.3.3　死点位置

在图 3.29 所示的曲柄摇杆机构中，若摇杆 CD 为主动件、曲柄 AB 为从动件，当连杆 BC 与曲柄 AB 处于共线位置时，连杆 BC 与曲柄 AB 之间的传动角 $\gamma=0°$，压力角 $\alpha=90°$，这时摇杆 CD 经连杆 BC 传给从动曲柄 AB 的力通过曲柄转动中心 A，转动力矩为零，从动件或不转，机构停顿，或运动不确定，机构所处的这种位置称为死点位置，有时把死点位置简称死点。对于连续运转的机器，常采取以下措施使机构顺利地通过死点位置：

（1）利用飞轮或从动件的惯性顺利地通过死点位置。例如：家用缝纫机的踏板机构中大带轮就相当于飞轮，利用其惯性通过死点位置。

（2）采用错位排列的方式顺利地通过死点位置。例如：V 型发动机（图 3.30），由于两机构死点位置互相错开，当一个机构处于死点位置时，另一机构不在死点位置，可使曲轴始终获得有效力矩。

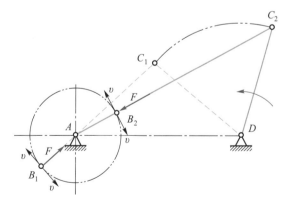

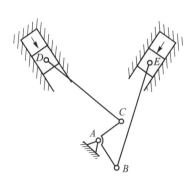

动画
曲柄摇杆机构的死点

动画
V 型发动机

图 3.29　曲柄摇杆机构的死点　　　　　图 3.30　V 型发动机

在工程实际中的不少场合也是利用死点位置来实现一定的功能。如图 3.31 所示的夹紧机构，当工件 5 被夹紧后，四杆机构的铰链中心 B、C、D 处于同一条直线上，工件经杆 1 传给杆 2、杆 3 的力通过回转中心 D，转动力矩为零，杆 3 不会转动，因此当力去掉后仍能夹紧工件。再如图 3.32 所示的飞机起落架机构，飞机起飞和降落时，飞机起落架处于放下机轮的位置，此时连杆 *BC* 与从动件 *AB* 处于一条直线上，机构处于死点位置，故机轮着地时产生的巨大冲击力不会使从动件反转，从而保持着支承状态。

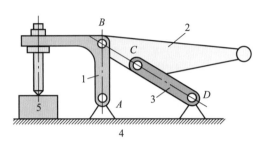

图 3.31　夹紧机构

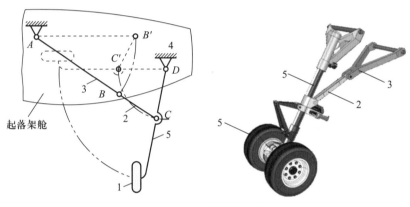

图 3.32　飞机起落架机构

3.4　多杆机构简介

　　前面讨论的基本机构远不能满足实际使用要求，但是有了这些基本机构，就可以根据基本机构的功能，按照某种方式来进行组合，并依据机构的演化创新设计出形式多样的多杆机构，以实现生产实际中的特殊要求。

1. 扩大从动件的行程

　　如图 3.33 所示，冷床运输机就是一个六杆机构。它用于把热轧钢料在运输过程中冷却，因此要求增大行程，该机构由曲柄摇杆机构 AB_1C_1D 和连杆 5、滑块 6 组成。显然滑块 6 的行程 s 比曲柄摇杆机构 AB_1C_1D 中 C_1D 上 C_1 点的行程 C_1C_2 要大得多，而该机构的横向尺寸则要比采用对心曲柄滑块机构获得同样行程时小得多。

2. 用于增大输出件的作用力

　　图 3.34 所示为手动冲床机构。该机构是一个六杆机构，可看作由四杆机构 *ABCD* 与滑块机构 *DEFG* 组合而成。显然根据杠杆原理经过摇杆 2 和 4 使扳动摇杆的力两次放大后传到冲杆 6，从而增大了冲杆 6 的作用力，以满足冲压要求。

3. 用于改善从动件的运动特性

　　图 3.35 所示的组合压力机机构由双曲柄机构与六杆机构组合而成，原压力机机构仅为双曲柄机构带动滑块（冲头）。比较组合压力机机构与原压力机机构的位移曲线可看出，组

合压力机机构比原压力机机构在其滑块下降行程的低速工作段的速度要低得多，从而满足了某些压力机在工作过程（滑块下降行程）中需要较低速度的要求。

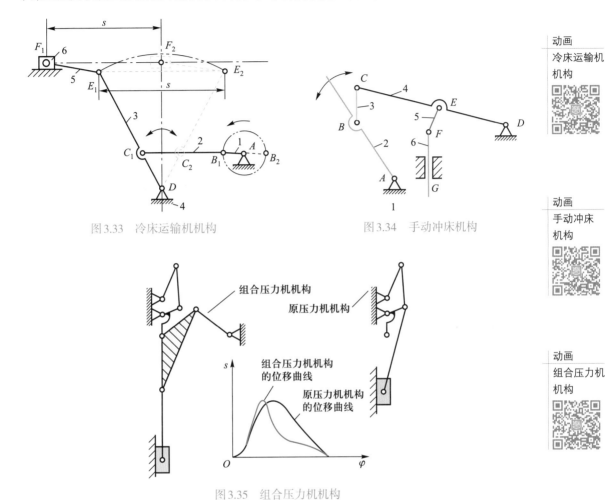

图 3.33 冷床运输机机构   图 3.34 手动冲床机构

图 3.35 组合压力机机构

动画
冷床运输机机构

动画
手动冲床机构

动画
组合压力机机构

4. 改善工作性能

　　图 3.36 所示为大型双点压床机构，该机构由两组尺寸相同且左右对称布置的曲柄滑块机构组成，其作用在滑块上的水平分力大小相等、方向相反，可消除滑块对导路的侧压力，从而减少了摩擦损失。

5. 机构并联组合完成预定功能

　　图 3.37 所示为丝织机的开口机构，该机构利用了一个曲柄摇杆机构和两个曲柄滑块机构组合。当主动曲柄 1 转动时，通过摇杆 3 将运动传给两个曲柄滑块机构，使从动滑块 5 和 7 实现上下往复运动，完成丝织机丝织物经线的开口工作。

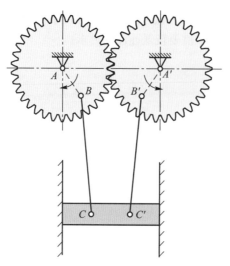

图3.36　大型双点压床机构

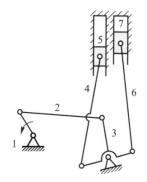

图3.37　丝织机的开口机构

👓　**思考与练习题**

3.1　铰链四杆机构有哪几种基本类型？

3.2　铰链四杆机构的演化形式有哪几种？举例说明其用途。

3.3　平面四杆机构中的急回特性是什么含义？在什么条件下机构才具有急回特性？

3.4　铰链四杆机构中曲柄存在的条件是什么？曲柄是否一定是最短杆？

3.5　何谓连杆机构的传动角和压力角？压力角的大小对连杆机构的工作有何影响？

3.6　什么是机构的死点？机构在什么位置具有死点？如何避免死点和利用死点？试做一试验或举一实例。

3.7　如图3.38所示，各四杆机构中，标箭头的构件为主动件，试标出各机构在图示位置时的压力角和传动角，并判断机构有无死点位置。

3.8　现有一偏置曲柄滑块机构，曲柄 AB 长 l_{AB}=30 mm，连杆 BC 长 l_{BC}=120 mm，偏心距 e=30 mm。试用图解法求：

（1）滑块的行程（滑块两极限间的距离）；

（2）机构的行程速度变化系数 K。

3.9　图3.39所示为曲柄摇杆机构，已知 l_{AB}=50 mm，l_{CD}=80 mm，l_{AD}=100 mm，试求 l_{BC} 的长度范围。

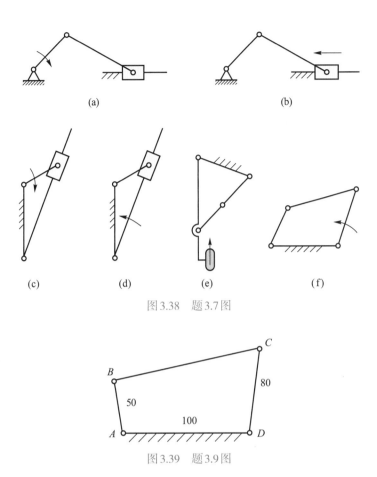

(a)　　　　　　　　　(b)

(c)　　(d)　　(e)　　(f)

图 3.38　题 3.7 图

图 3.39　题 3.9 图

第4章

4

凸 轮 机 构

凸轮是具有曲线或曲面轮廓并以此与凸轮从动件作点接触或线接触而输出预定位移的构件。凸轮机构主要由凸轮（主动件）、从动件和机架组成。凸轮与从动件以点或线接触构成高副，所以又称为高副机构。

凸轮机构可以将凸轮的连续转动或移动转换为从动件连续或不连续的移动或摆动。

与连杆机构相比，凸轮机构便于实现给定的运动规律和轨迹，而且结构简单紧凑；但由于凸轮（图4.1）与从动件为高副接触，易磨损。

图4.1　实际应用中的凸轮

本章主要研究凸轮机构的类型、从动件运动规律及凸轮轮廓的绘制方法。

4.1　凸轮机构的应用和分类

4.1.1　凸轮机构的应用

凸轮机构常用于传递功率不大、低速的自动或半自动机械的控制。图4.2所示为内燃机的配气机构，凸轮转动时，推动顶杆上下移动，按给定的配气要求启闭阀门。

图4.3所示为自动机床的进刀机构。当圆柱凸轮旋转时，圆柱上凹槽曲面迫使从动件往复摆动，通过从动件上的扇形齿轮与刀架上的齿条啮合，控制刀架的自动进刀和退刀运动。

图4.4所示为自动车床靠模机构。从动刀架2沿靠模凸轮3轮廓运动，切削刃走出手柄1的外形轨迹。

图4.2　内燃机的配气机构

AR
内燃机的配气机构

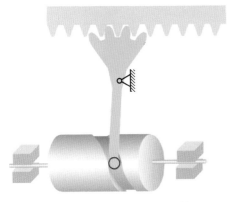

图4.3 自动机床的进刀机构

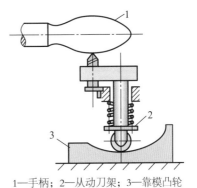

1—手柄；2—从动刀架；3—靠模凸轮

图4.4 滚子从动件凸轮机构（自动车床靠模机构）

AR
自动机床的
进刀机构

动画
自动车床靠
模机构

4.1.2 凸轮机构的分类

凸轮机构的类型很多，通常按照凸轮和从动件的形状、运动形式分类。

1. 按凸轮的形状分

凸轮机构按凸轮的形状可分为盘形凸轮机构(盘形凸轮是绕垂直其平面的轴转动，通过其轮廓接触驱动从动件的盘形构件)（图4.2）、圆柱形凸轮机构（圆柱形凸轮是在圆柱面上带有曲线凹槽或曲线凸肋并以此与从动件接触的转动圆柱）（图4.3）、移动凸轮机构(移动凸轮是指当盘形凸轮的回转中心趋于无穷远时，凸轮相对于机架做直线运动）（图4.4）。

2. 按从动件端部形式分

凸轮机构按从动件端部形式可分为尖顶从动件凸轮机构、滚子从动件凸轮机构、平底从动件凸轮机构。

（1）尖顶从动件凸轮机构（图4.2）。从动件的端部为尖顶，这种从动件构造最简单，其尖顶能与外凸或内凹轮廓接触，可以实现复杂的运动规律，但尖顶易磨损，用于低速、轻载场合。

（2）滚子从动件凸轮机构（图4.4）。从动刀架2的端部装有可自由转动的滚子，它与凸轮相对运动时为滚动摩擦，因此阻力、磨损均较小，可以承受较大的载荷，应用较广。

（3）平底从动件凸轮机构（图4.5）。从动件的端部为一平底。这种从动件与凸轮轮廓接触处在一定条件下可形成油膜，利于润滑，传动效率较高，且传力性能较好，常用于高速凸轮机构中，但不能应用于有凹曲线轮廓的凸轮。

3. 按凸轮和从动件维持高副接触的方式分

凸轮机构按凸轮和从动件维持高副接触的方式可分为力锁合凸轮机构（弹簧力和重力，如图4.2、图4.4、图4.5所示）和形锁合凸轮机构（利用凸轮或从动件的形状维持接触，如图4.6所示的等径凸轮机构、图4.7所示的等宽凸轮机构）。

另外，还有端面凸轮机构(端面凸轮是通过垂直其轴线平面上的凹槽或凸肋与从动件接触的转动凸轮)（图4.8）和双动凸轮机构（凸轮转一周，从动件运动两次，如图4.9所示）。

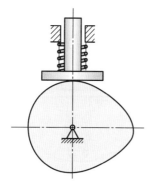

图4.5 平底从动件凸轮机构

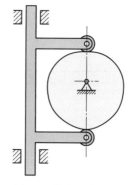

图4.6 等径凸轮机构

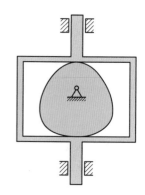

图4.7 等宽凸轮机构

图4.8 端面凸轮机构

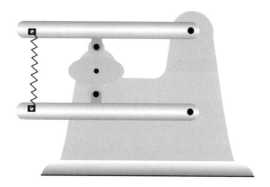

图4.9 双动凸轮机构

4.2 从动件的运动规律

4.2.1 凸轮机构运动过程及有关名称

以图4.10a所示直动尖顶从动件盘形凸轮机构为例，说明凸轮（主动件）与从动件间的运动关系及有关名称。图示位置凸轮转角为零，从动件尖顶位于离凸轮轴心 O 最近位置，称为起始位置。

1. 基圆

以凸轮的最小向径为半径所作的圆称为基圆，基圆半径用 r_b 表示。

2. 推程运动角

凸轮以等角速度 ω 顺时针方向转动，从动件在凸轮作用下，以一定运动规律由 A 到达最高点位置 E，从动件在该过程中经过的距离 h 称为推程（升程），对应的凸轮转角 δ_0 称为推程运动角。

3. 远休止角

当凸轮继续转过角度 δ_s，以 O 为圆心的圆弧 $\overset{\frown}{BC}$ 与尖顶接触，从动件在最高位置静止不动，δ_s 称为远休止角。

4. 回程运动角

凸轮再继续回转角度 δ_0'，从动件以一定运动规律下降到最低位置 D 处，这段行程称为回程，对应的凸轮转角 δ_0' 称为回程运动角。

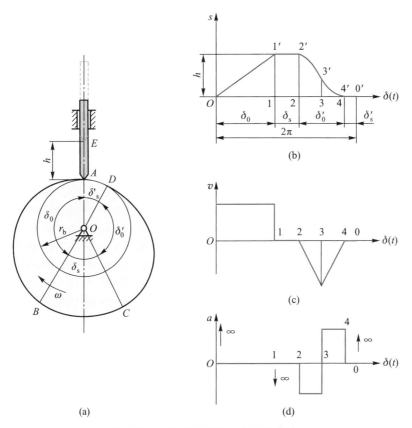

动画
凸轮机构的
位移线图

图4.10　凸轮机构与从动件运动曲线

5. 近休止角

凸轮继续回转角度 δ_s'，圆弧 $\overset{\frown}{DA}$ 与尖顶接触，从动件停留不动，对应的转角 δ_s' 称为近休止角。

凸轮转过一周，从动件经历推程、远休止、回程、近休止 4 个运动阶段，是典型的升—停—回—停的双停歇循环；从动件运动也可以是一次停歇或没有停歇循环。

4.2.2　位移线图

从动件的运动过程可用位移线图表示。位移线图以从动件位移 s 或角位移 ψ 为纵坐标，凸轮转角 δ 为横坐标。图4.10b是图4.10a所示凸轮机构的位移线图，它以 $O1'$、$1'2'$、$2'4'$、$40'4$ 根位移线分别表示凸轮机构的推程、远休止、回程、近休止 4 个运动规律。图4.10c、d为图4.10b所对应的速度线图和加速度线图，用于分析凸轮运动的惯性力。

4.2.3　从动件的运动规律

从动件的运动规律是指在推程和回程当中其位移 s、速度 v、加速度 a 随凸轮转角变化的规律。下面介绍从动件的运动规律。

1. 等速运动规律

凸轮角速度ω为常数时，从动件速度v不变，称为等速运动规律。图4.11为等速运动规律的位移、速度、加速度线图。由图可知，在行程起点和终点瞬时的加速度a为无穷大，由此产生的惯性力在理论上也是无穷大，致使机构产生强烈的刚性冲击。因此，等速运动规律适用于中、小功率和低速场合。为避免由此产生的刚性冲击，实际应用时常用圆弧或其他曲线修正位移线图的始、末两端，修正后的加速度a为有限值，此时引起的有限冲击称为柔性冲击。

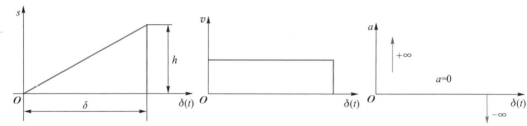

图4.11　等速运动曲线

做等速运动的$s-\delta$位移线图的要点：在等速运动中当凸轮以等角速度ω_1转动时，从动件在推程或回程中的速度为常数。从动件上升和下降的位移线图为直线。

2. 等加速等减速运动规律

等加速等减速运动规律为：从动件在前半个行程采用等加速运动，后半个行程采用等减速运动，两部分加速度绝对值相等。

等加速等减速运动规律的位移线图的画法为：将推程角δ_0两等分，每等份为$\dfrac{\delta_0}{2}$；将行程两等分，每等份为$\dfrac{h}{2}$。将$\dfrac{\delta_0}{2}$若干等分，得1、2、3等点，过这些点作横坐标的垂线。将$\dfrac{h}{2}$等分成相同的$1'$、$2'$、$3'$等点，连$O1'$、$O2'$、$O3'$等与相应的横坐标的垂线分别相交于$1''$、$2''$、$3''$等点，便得到推程等加速段的位移线图，等减速段的位移线图可用同样的方法求得。等加速等减速运动规律的位移、速度、加速度线图如图4.12所示，由其中的图4.12c可知，等加速等减速运动规律在运动起点O、中点A、终点B的加速度突变为有限值，从动件会产生柔性冲击，适用于中速场合。

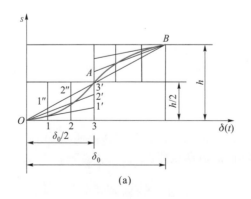

(a)

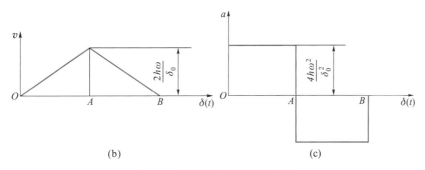

图4.12 等加速等减速运动曲线

作等加速等减速运动的位移线图的要点：凸轮以等角速度 ω 转动时，从动件在推程或回程中均为等加速等减速运动，位移线图为二次抛物线。

4.3 图解法绘制盘形凸轮轮廓

凸轮轮廓的设计方法有两种：作图法和解析法。作图法直观、方便，解析法精确，本节介绍作图法。

凸轮机构工作时，凸轮是运动的，绘在图纸上的凸轮是静止的，因此，绘制凸轮轮廓时采用反转法。根据相对运动原理，假想给整个机构加上一个与凸轮的角速度 ω 等值、反向的公共角速度 $-\omega$，则绕凸轮轴心 O 转动时，凸轮相对静止，而从动件既随机架做转动（$-\omega$），又沿自身导路做相对移动或摆动；这个过程中，各构件间的相对运动不变。由于从动件尖顶始终与凸轮轮廓相接触，所以反转后尖顶的运动轨迹就是凸轮的轮廓曲线，如图4.13a所示，这种方法称为"反转法"。"反转法"相当于站在凸轮上看推杆，此时从动件尖顶各瞬时位置连起来就是凸轮轮廓线。反转法的实质是换个视角看问题。正所谓"横看成岭侧成峰，远近高低各不同"，换个视角一切可能不同。

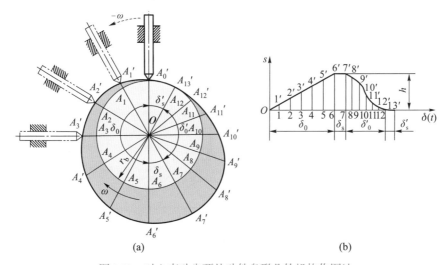

图4.13 对心直动尖顶从动件盘形凸轮机构作图法

在绘制凸轮轮廓前，先根据工作要求选择从动件运动规律和基圆半径，绘出位移曲线后，便可以用反转法绘出凸轮轮廓曲线。下面介绍常见的盘形凸轮轮廓绘制方法。

4.3.1　对心直动从动件盘形凸轮轮廓的绘制

直动从动件盘形凸轮机构中，从动件导路中心线通过凸轮轴心时，称为对心直动从动件盘形凸轮机构；否则，称为偏置直动从动件盘形凸轮机构。图4.13所示为对心直动尖顶从动件盘形凸轮机构。凸轮以等速度 ω 顺时针旋转，从动件的运动规律为：凸轮转过推程运动角 δ_0，从动件等速上升一个行程 h，凸轮再转过远休止角 δ_s，从动件停留不动，凸轮继续转过回程运动角 δ_0'，从动件等加速、等减速下降一个行程 h，凸轮转过近休止角 δ_s' 时，从动件停留不动。要求绘出此凸轮轮廓曲线。

作图步骤如下：

（1）选取适当比例尺作出从动件位移线图（图4.13b）。在横坐标上将 δ_0、δ_0' 进行若干等分（图中为13等分），得等分点1、2、3、…、6和7、8、9、…、13；由各等分点作垂线与位移曲线相交，得转角在各等分点的位移量11′、22′、33′、…。

（2）以凸轮轴心 O 为圆心，r_b 为半径画基圆（画基圆的比例尺必须与位移线图比例尺相同）。基圆与导路的交点 A_0 是从动件的起始位置。自 OA_0 沿 $-\omega$ 方向取 δ_0、δ_s、δ_0'、δ_s'，并分成相应等份，然后作径向线 OA_1、OA_2、OA_3、…、OA_{13}，各径向线代表从动件在反转运动中依次占据的位置。

（3）自各径向线与基圆的交点 A_1、A_2、A_3、…、A_{13}，向外量取对应位置从动件的位移量 $A_1A_1'=11'$、$A_2A_2'=22'$、$A_3A_3'=33'$、…、$A_{13}A_{13}'=13\,13'$，得反转后尖顶的一系列位置 A_1'、A_2'、A_3'、…、A_{13}'。

（4）将 A_1'、A_2'、A_3'、…、A_{13}' 连成光滑曲线，便得所求凸轮轮廓。

4.3.2　对心直动滚子从动件盘形凸轮轮廓的绘制

当采用滚子从动件时，如图4.14所示，将滚子的中心看作尖顶从动件的尖顶，按照上述方法作出凸轮轮廓曲线 β_0；再以 β_0 上的各点为圆心，以滚子的半径 r_T 为半径（应与基圆取相同的比例尺）画一系列圆，作这些圆的包络线 β，便得凸轮的工作轮廓（与滚子直接接触的凸轮轮廓），而 β_0 称为凸轮的理论轮廓。滚子从动件盘形凸轮的基圆半径和压力角均应在理论轮廓上度量。

动画
对心直动滚子从动件盘形凸轮轮廓的绘制

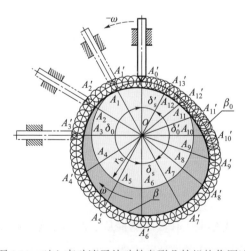

图4.14　对心直动滚子从动件盘形凸轮机构作图法

4.4 凸轮机构基本尺寸的确定

4.4.1 滚子半径的选择

选择滚子半径时，从受力情况及滚子强度等方面考虑，滚子半径r_T大些较好。但是增大滚子半径对凸轮工作轮廓影响很大，如图4.15所示。设凸轮理论轮廓曲线外凸部分的最小曲率半径以ρ_{min}表示，则相应位置工作轮廓曲线的曲率半径$\rho'_{min}=\rho_{min}-r_T$。

当$\rho_{min}>r_T$时（图4.15a），$\rho'_{min}>0$，凸轮工作轮廓为一平滑曲线。

当$\rho_{min}=r_T$时（图4.15b），$\rho'_{min}=0$，凸轮工作轮廓上产生尖点，尖点处磨损后改变从动件原定的运动规律。

当$\rho_{min}<r_T$时（图4.15c），$\rho'_{min}<0$，则凸轮工作轮廓曲线出现相交。加工时相交部分将被切去，从动件的运动要求无法实现，这种现象称为"失真"。

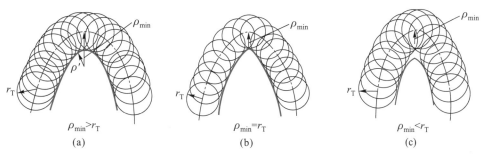

图4.15 滚子半径对凸轮工作轮廓的影响

动画
滚子半径与轮廓最小曲率半径的关系

为了使凸轮工作轮廓在任何位置既不产生尖点又不相交，滚子半径必须小于理论轮廓最小曲率半径，通常取$r_T \leqslant 0.8\rho_{min}$。

4.4.2 压力角及其校核

图4.16所示为凸轮机构在推程中的一个位置。若忽略摩擦力的影响，凸轮推动从动件的力F是沿接触处的法线方向传递的。此力可分解为两个分力F_1和F_2，F_1是推动从动件运动的有效力，F_2是使从动件压紧凸轮的有害分力。凸轮推动从动件驱动力F与从动件受力点的速度方向所夹的锐角α称为压力角。由图可知，$F_1=F\cos\alpha$，$F_2=F\sin\alpha$，压力角α越大，则有害分力F_2越大，机构的传力性能越差，当α增大到某一数值时，无论凸轮给从动件的驱动力多大，都不能推动从动件，即机构发生自锁。为了保证机构正常工作，并具有良好的传力性能，必须对压力角加以限制，一般情况下，推程时，直动从动件取许用压力角$[\alpha]=30°$，摆动从动件取$[\alpha]=35°\sim45°$；回程时取$[\alpha]=70°\sim80°$。

凸轮轮廓绘制成之后，必须校核凸轮的压力角，以检验最大压力角是否在许用值范围之内。检验方法如图4.17所示，在凸轮理论轮廓比较陡的地方取几点，过这些点作轮廓的法线和从动件速度方向线，量出它们之间所夹的锐角即为压力角α，α应该不超过许用值。如果超过许用值，通常采用加大基圆半径的方法减小压力角。

4.4.3 基圆半径的选择

设计凸轮机构时，一般是先根据机构的布局和结构需要初步选定基圆半径r_b，再绘制凸轮轮廓。基圆半径选得越小，则凸轮机构越紧凑。但是，基圆半径过小会引起压力角增大，机构工作情况变差，甚至机构发生自锁。图4.18说明了基圆半径与压力角的关系，两个凸轮的基圆半径分别为r_{b1}和r_{b2}，且$r_{b1} < r_{b2}$。当凸轮转过φ角时，两从动件的位移相同，由图可看出$\alpha_1 > \alpha_2$。所以，减小基圆半径时，压力角增大；反之，基圆半径增大时，压力角减小。选定基圆半径时，只能在保证最大压力角不超过许用值的前提下缩小凸轮尺寸。根据凸轮与凸轮轴装配要求，基圆半径应大于轴的半径，当凸轮轴的直径d_h为已知时，可按下述经验公式确定基圆半径：$r_b \geq (0.8 \sim 1.0)d_h$。

动画

凸轮机构的压力角

动画

基圆半径与压力角的关系

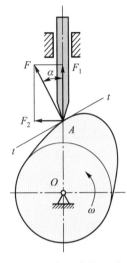

图 4.16　凸轮机构的压力角

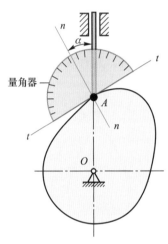

图 4.17　校核压力角

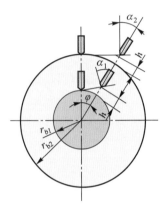

图 4.18　基圆半径与压力角的关系

4.5　凸轮机构的结构设计

4.5.1　凸轮和滚子的材料

凸轮机构的主要失效形式是磨损和疲劳点蚀，这就要求凸轮和滚子的工作表面硬度高、耐磨并具有足够的表面接触强度，对于经常受到冲击的凸轮机构要求凸轮芯部有较大的韧性。低速、中小载荷场合，凸轮常采用45钢、40Cr，表面淬火，硬度达40 HRC ~ 50 HRC；亦可采用15钢、20Cr、20CrMnTi，经渗碳淬火，硬度达56 HRC ~ 62 HRC。滚子材料可采用20Cr，经渗碳淬火，表面硬度达56 HRC ~ 62 HRC；也可用滚动轴承作为滚子。

4.5.2　凸轮的结构

AR

凸轮轴

当凸轮的径向尺寸与轴的直径尺寸相差不大时，凸轮与轴做成一体（图4.19），称为凸轮轴；当尺寸相差较大时，将凸轮与轴分别制造，可用键（图4.20a）和销（图4.20b）与轴连接，这种结构称为整体式凸轮。

图4.21所示为凸轮与轮毂用螺栓连接，轮毂与轴用键连接，这种凸轮结构可以调整凸轮与轴在圆周方向上相对位置，便于安装和调整。

图 4.19　凸轮轴

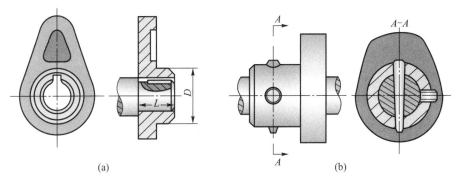

图4.20　整体式凸轮

图4.21　可调式凸轮

4.5.3　滚子的结构

图4.22为滚子的几种装配结构。图4.22a所示滚子上装有油杯；图4.22b所示滚子上无油杯；图4.22c所示滚子为滚动轴承。

图中d_T为滚子直径，对于一般自动机械取$d_\mathrm{T}=25 \sim 30 \ \mathrm{mm}$，滚子与销轴的配合选用H8/f8。

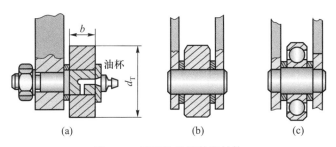

图4.22　滚子的几种装配结构

思考与练习题

4.1　比较尖顶、滚子和平底从动件的优缺点，并说明它们适用的场合。

4.2　压力角的大小与凸轮尺寸有何关系？

4.3　直动从动件盘形凸轮机构如图4.23所示。已知：$R=40$ mm，$OA=20$ mm。求：基圆半径r_b和推程h的大小。

4.4　图4.24所示为一对心直动尖顶从动件偏心圆凸轮机构，O 为凸轮几何中心，O_1 为凸轮转动中心，直线 $AC \perp BD$，$O_1O=OA/2$，圆盘半径$R=60$ mm。求：

（1）基圆半径r_b。

（2）从动件的升程h。

（3）C点压力角α_C。

（4）D点接触时从动件的位移h_D。

（5）D点处的压力角α_D。

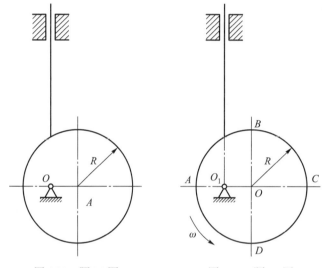

图4.23　题4.3图　　　　图4.24　题4.4图

4.5　一个凸轮机构从动件的运动规律为：从动件等速上升30 mm，对应的凸轮转角为180°；从动件以等加速等减速运动规律返回原处，对应凸轮转角是120°；当凸轮转过剩余角度时，从动件不动，试绘出从动件的位移曲线。

4.6　图4.25所示为对心直动滚子从动件盘形凸轮机构，凸轮的实际轮廓线为一圆，其圆心在A点，半径$R=40$ mm，凸轮转动方向如图所示，$OA=25$ mm，滚子半径$r_T=10$ mm。

（1）凸轮的理论轮廓线为何种曲线？

（2）求凸轮的基圆半径r_b。

（3）求从动件的升程h。

（4）求推程中的最大压力角α_{max}。

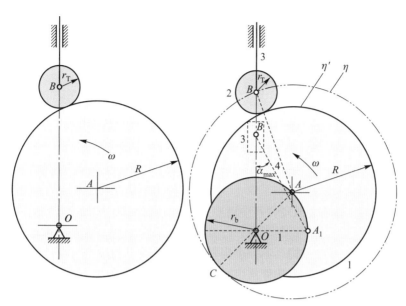

图 4.25 题 4.6 图

4.7 一对心直动尖顶从动件盘形凸轮按逆时针方向回转，其运动规律见表4.1。

表 4.1 运 动 规 律

凸轮转角 φ	0°~120°	120°~150°	150°~330°	330°~360°
从动件位移 s	等速上升15 mm	停止不动	等加速、等减速下降至原处	停止不动

（1）作出位移线图。

（2）基圆半径 r_b=45 mm，画出凸轮轮廓。

（3）校核推程压力角 $[\alpha]$=30°。

第5章

5

间歇运动机构

在机器工作时，常需要从动件产生周期性的运动和停歇，把能够将主动件的连续运动转换为从动件有规律的运动和停歇的机构，称为间歇运动机构。实现间歇运动的机构类型很多，如棘轮机构、槽轮机构、不完全齿轮机构和凸轮机构及恰当设计的连杆机构都可实现间歇运动。本章简要介绍几种常用间歇机构的组成和运动特点。

5.1 棘轮机构

•5.1.1 棘轮机构的工作原理、特点及应用

1. 棘轮机构的工作原理

图5.1a所示为常见的外啮合棘轮机构，主要由棘轮1、棘爪2、摇杆3、止回棘爪4和机架组成。弹簧5用来使止回棘爪4与棘轮保持接触。棘轮装在轴上，用键与轴连接在一起。棘爪2在摇杆3上，摇杆3可绕棘轮轴摆动。当摇杆3顺时针方向摆动时，棘爪在棘轮齿顶滑过，棘轮静止不动；当摇杆3逆时针方向摆动时，棘爪插入棘轮齿间推动棘轮转过一定角度。这样，摇杆3连续往复摆动，棘轮1即可实现单向的间歇运动。图5.1b所示为内啮合棘轮机构，工作原理与外啮合相同。

动画
外啮合棘轮
机构

动画
内啮合棘轮
机构

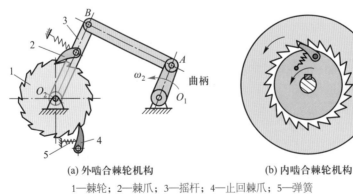

(a) 外啮合棘轮机构　　　　　　　(b) 内啮合棘轮机构

1—棘轮；2—棘爪；3—摇杆；4—止回棘爪；5—弹簧

图5.1　棘轮机构

按照结构特点，常用的棘轮机构有齿式棘轮机构和摩擦式棘轮机构两大类。

2. 齿式棘轮机构的基本类型及应用

齿式棘轮机构是靠棘爪和棘轮齿啮合传动的。棘轮的棘齿既可以做在棘轮的外缘（称外啮合棘轮机构），如5.1a所示；也可以做在棘轮的内缘（称内啮合棘轮机构），如

图5.1b所示，或端面上具有刚性的轮齿。按照其运动形式又可分为三类。

（1）单动式棘轮机构。如图5.1所示，这种机构的特点是摇杆3逆时针摆动时，棘爪2驱动棘轮1沿同一方向转过一定角度；摇杆顺时针转动时，棘轮静止。

（2）双动式棘轮机构。如图5.2所示，这种棘轮机构的棘爪可制成图5.2a所示的直头双动式棘爪和5.2b所示的钩头双动式棘爪两种形式。其特点是：当主动摇杆1往复摆动一次时，能使棘轮2沿同方向做两次间歇转动。这种棘轮机构每次停歇的时间间隔较短，棘轮每次转过的转角较小。

（3）可变向棘轮机构。如果棘轮需要做双向的间歇运动，可把棘轮的齿形制成矩形，而棘爪制成可翻转的结构，如图5.3a所示。其特点是当棘爪处于实线位置B，摇杆往复摆动时，棘轮可获逆时针方向的单向间歇运动；而当把棘爪绕其销轴O_2翻转到虚线所示位置B'，摇杆往复摆动时，棘轮则可获得顺时针方向的单向间歇运动。图5.3b给出另一种可变向棘轮机构，当棘爪1在图示位置时，棘轮2沿逆时针方向做间歇运动；若将棘爪提起绕本身轴线转180°再插入棘轮齿中，可实现沿顺时针方向的间歇运动；若将棘爪提起并绕本身轴线转90°放在壳体顶部的平台上，使轮与爪脱开，则当棘爪往复摆动时，棘轮静止不动。

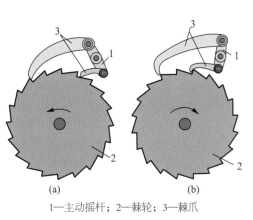

(a)　　　　　　　(b)

1—主动摇杆；2—棘轮；3—棘爪

图5.2　双动式棘轮机构

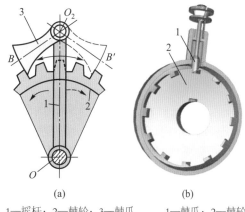

(a)　　　　　　　(b)

1—摇杆；2—棘轮；3—棘爪　　　1—棘爪；2—棘轮

图5.3　可变向棘轮机构

动画
双动式棘轮
机构（钩头）

动画
双动式棘轮
机构（直头）

齿式棘轮机构的特点是结构简单、制造方便、转角准确、运动可靠、棘轮的转角可在一定范围内调节。但棘爪在齿背上滑行时容易产生噪声、冲击和磨损，故适用于低速、轻载和转角精度要求不高的场合。

此外，棘轮机构还常用作防止机构逆转的止停器，如图5.4所示为起重设备中的棘轮制动器。当提升重物时，棘轮逆时针转动，棘爪2在棘轮1齿背上滑过；当需要使重物停在某一位置时，棘爪将及时插入到棘轮的相应齿槽中以实现制动，防止棘轮在重力作用下顺时针转动使重物下坠。

图5.5所示为一种带棘轮机构的扳手，主要由棘轮1、棘爪2、棘爪轴3、锁紧锥4、锁紧弹簧5、扳手体6组成。利用

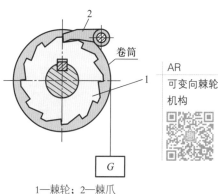

卷筒

AR
可变向棘轮
机构

1—棘轮；2—棘爪

图5.4　棘轮制动器

棘爪进程咬紧和回程放松实现拧紧的过程。

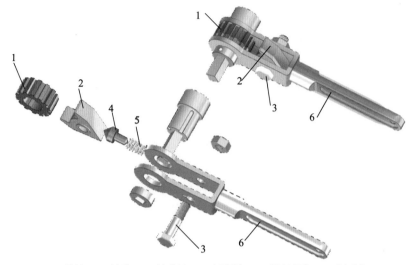

1—棘轮；2—棘爪；3—棘爪轴；4—锁紧锥；5—锁紧弹簧；6—扳手体

图 5.5　带棘轮机构的扳手

图 5.6 所示为千斤顶的棘齿条机构，它是棘轮机构的演变形式，能将杠杆的往复摆动变为齿条的单向位移，下棘爪是用来防止杠杆回程齿条下落的。

3. 摩擦式棘轮机构

图 5.7 所示为摩擦式棘轮机构。齿式棘轮机构的棘轮转角是有级调节的。如果需要无极改变棘轮转角，需采用无棘齿的棘轮，即摩擦式棘轮。该机构由摩擦轮 3 和摇杆 1 及其铰接的驱动偏心楔块 2 和止动楔块 4、机架 5 组成。当摇杆 1 逆时针方向摆动时，通过驱动偏心楔块 2 与摩擦轮 3 之间的摩擦力，使摩擦轮沿逆时针方向运动。当摇杆顺时针方向摆动时，驱动偏心楔块在摩擦轮上滑过，而止动楔块 4 与摩擦轮 3 之间的摩擦力，促使此楔块与摩擦轮卡紧，从而使摩擦轮静止，以实现间歇运动。这种机构噪声小，因靠摩擦力传动，可起到过载保护作用，但其接触表面间容易发生滑动，传动精度不高，故适用于低速、轻载场合。

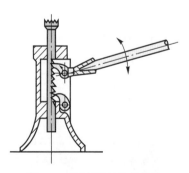

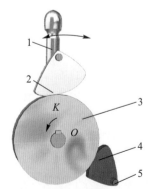

1—摇杆；2—驱动偏心楔块；3—摩擦轮；
4—止动楔块；5—机架

图 5.6　千斤顶的棘齿条机构　　　图 5.7　摩擦式棘轮机构

AR
带棘轮机构的扳手

动画
摩擦式棘轮机构

5.1.2 棘轮转角的调整方法

1. 改变摇杆摆角大小，控制棘轮的转角

如图5.8所示，牛头刨床工作台进给机构利用曲柄摇杆机构带动棘轮做间歇运动，调节螺钉来改变曲柄的长度，就可改变摇杆摆角，从而控制棘轮的转角。图5.9所示，浇注输送传动装置通过改变活塞1的行程，即可改变摇杆的摆角，从而调节棘轮转角的大小。

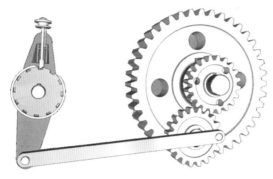

图5.8 牛头刨床工作台进给机构

动画
牛头刨床工作台进给机构

2. 利用遮板调节棘轮的转角

如图5.10所示，在棘轮外部罩一遮板，改变遮板位置以遮住部分棘齿，可使棘爪行程的一部分在遮板上滑过，不与棘齿接触，从而改变棘爪推动棘轮的实际转角的大小。

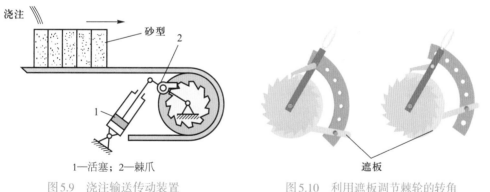

浇注
砂型
2
1
1—活塞；2—棘爪
图5.9 浇注输送传动装置

遮板
图5.10 利用遮板调节棘轮的转角

动画
浇注输送传动装置

动画
利用遮板调节棘轮的转角

5.2 槽轮机构

5.2.1 槽轮机构的工作原理

图5.11所示为外啮合槽轮机构，它由带有圆柱销A的拨盘1、具有径向槽的槽轮2和机架组成。拨盘1做匀速转动时，驱使槽轮做时转时停的间歇运动。盘上的圆柱销尚未进入槽轮的径向槽时，由于槽轮的内凹锁止弧β被拨盘的外凸锁止弧α锁住，故槽轮静止不动。当圆柱销开始进入槽轮的径向槽时，内、外锁止弧脱开，槽轮受圆柱销A的驱动沿逆时针转动。当圆柱销开始脱离槽轮的径向槽时，槽轮的另一内凹锁止弧又被拨盘

的外凸圆弧锁住而静止，直到圆柱销再一次进入槽轮的另一径向槽时，两者又重复上述运动循环，从而实现从动槽轮的单向间歇运动。

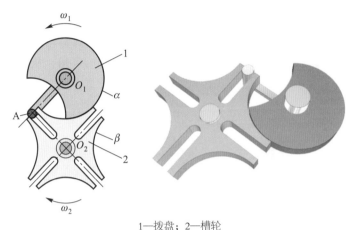

1—拨盘；2—槽轮

图 5.11　外啮合槽轮机构

5.2.2　槽轮机构的类型、特点及应用

　　槽轮机构分为图 5.11 所示的外啮合槽轮机构和图 5.12 所示的内啮合槽轮机构两种基本类型。外啮合槽轮机构中，拨盘上的圆柱销可以是一个，也可以是多个。槽轮的转向与拨盘转向的关系：单圆柱销外槽轮机构工作时，拨盘转一周，槽轮反向转动一次；双圆柱销外槽轮机构工作时，拨盘转动一周，槽轮反向转动两次；内槽轮机构的槽轮转动方向与拨盘转向相同。

　　槽轮机构结构简单、制造方便、转位迅速、工作可靠，但制造与装配精度要求较高且转角不能调节，当槽数 z 确定后，槽轮转角即被确定。因槽数 z 不宜过多，所以槽轮机构不宜用于转角较小的场合。由于槽轮机构的定位精度不高，转动时有冲击，故一般适用于各种转速不太高的自动机械中作转位或分度机构。图 5.13 所示为槽轮机构在电影放映机中的应用。图 5.14 所示为槽轮机构在转塔车床的刀架转位机构中的应用。

　　图 5.15 所示为空间槽轮机构，其所传递的运动为相交轴的传动。

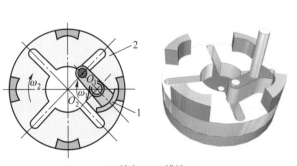

1—拨盘；2—槽轮

图 5.12　内啮合槽轮机构

图 5.13　槽轮机构在电影放映机中的应用

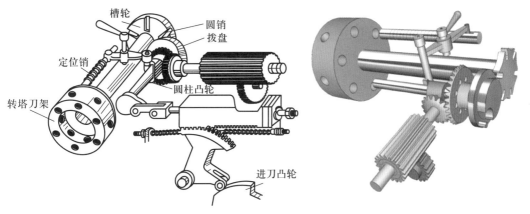

图5.14 槽轮机构在转塔车床的刀架转位机构中的应用

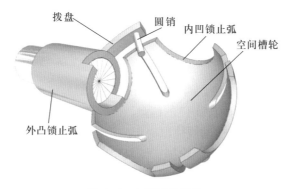

图5.15 空间槽轮机构

5.3 其他间歇运动机构简介

5.3.1 不完全齿轮机构

图5.16所示为外啮合不完全齿轮机构，它由具有一个或几个齿的主动轮1（不完全齿轮）、具有正常轮齿和带锁止弧的从动轮2及机架组成。在主动轮1等速连续转动中，当主动轮1上的轮齿与从动轮2的正常齿相啮合时，主动轮1驱动从动轮2转动；当主动轮1的锁止弧S_1与从动轮2的锁止弧S_2接触时，从动轮2停歇不动并停止在确定的位置上，从而实现周期性的单向间歇运动。图5.16所示的外啮合不完全齿轮机构的主动轮1每转1周，从动轮2转1/4周。

图5.17所示为内啮合不完全齿轮机构。外啮合不完全齿轮机构，其两轮转向相反；内啮合不完全齿轮机构，其两轮转向相同。

不完全齿轮机构与其他间歇运动机构相比，优点是结构简单，制造方便，从动轮的运动时间和静止时间的比例不受机构结构的限制；缺点是从动轮在转动开始和终止时，角速度有突变，冲击较大，故一般只用于低速或轻载场合。

不完全齿轮机构常用于多工位自动机和半自动机工作台的间歇转位及某些间歇进给机构中。

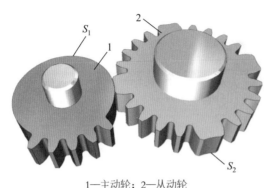

1—主动轮；2—从动轮

图 5.16　外啮合不完全齿轮机构

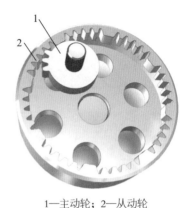

1—主动轮；2—从动轮

图 5.17　内啮合不完全齿轮机构

　　图 5.18 所示为齿条与不完全齿轮机构，连续转动的圆盘通过销带动不完全齿轮摆动，从而驱动齿条往复运动。

5.3.2　凸轮式间歇运动机构

　　图 5.19 所示是一种圆柱凸轮式间歇运动机构。机构的主动轮 1 为具有曲线沟槽的圆柱凸轮，从动件 2 则为均布有圆柱销 3 的圆盘。当主动轮 1 转动时，拨动圆柱销 3，使从动件 2 做间歇运动。从动件的运动规律取决于凸轮轮廓曲线，适当的凸轮轮廓曲线可满足机构高速运转的要求。不过，凸轮加工较复杂，加工精度要求较高，装配调整的要求也较严格。常用于各种高速机械的分度、转位装置和步进机构中。

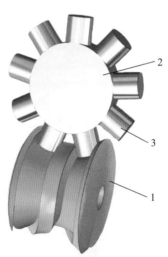

1—主动轮；2—从动件；3—圆柱销

图 5.18　齿条与不完全齿轮机构　　　　图 5.19　圆柱凸轮式间歇运动机构

5.1　判断下列说法是否正确：

（1）棘轮机构中，棘爪是主动件，棘轮是从动件。　　　　　　　　　　（　　　）

（2）棘轮机构的转角不能调整。　　　　　　　　　　　　　　　　　　（　　　）

（3）槽轮机构的转角不能调整。　　　　　　　　　　　　　　　　　　（　　　）

（4）外啮合槽轮机构中，槽轮的转动方向与拨盘的转动方向相同。　　（　　　）

（5）内啮合槽轮机构中，槽轮的转动方向与拨盘的转动方向相同。　　（　　　）

（6）外啮合不完全齿轮机构的两轮的转向相同。　　　　　　　　　　（　　　）

5.2　分析图5.20所示某印刷机械供水辊的棘轮转角（供水辊的摆动角度）是如何调整的。

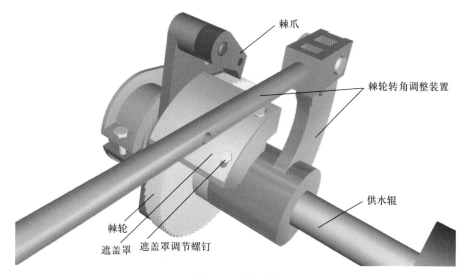

AR
题 5.2

图5.20　题5.2图

第6章

6

螺纹连接与螺旋传动

为了便于机器的制造、安装、运输及维修，机器各零部件间广泛采用着各种连接。连接按拆卸性质可分为两类：一类是可拆连接，另一类是不可拆连接。可拆连接是不损坏连接中的任一零件，即可将被连接件拆开的连接，如螺纹连接、键连接及销连接等。不可拆连接是必须破坏或损伤连接件或被连接件才能拆开的连接，如焊接、铆接及黏接等。连接按被连接件的接触方式分为刚性连接和弹性连接。刚性连接是被连接件均为刚体的连接，如螺纹连接等；弹性连接是被连接件之间为弹性接触的连接，如弹簧连接、油压减振器及空气弹簧等。

螺纹连接和螺旋传动都是利用具有螺纹的零件进行工作的，前者主要用于紧固连接件，后者作为传动件使用。

6.1 螺纹的形成、主要参数与分类

6.1.1 螺纹的形成

如图6.1所示，将一直角三角形abc绕在直径为d_2的圆柱体表面上，使三角形底边ab与圆柱体的底边重合，则三角形的斜边amc在圆柱体表面形成一条螺旋线am_1c_1。三角形abc的斜边与底边的夹角ψ，称为**螺纹升角**。若取一平面图形，使其平面始终通过圆柱体的轴线并沿着螺旋线运动，则这个平面图形在空间形成一个螺旋形体，称为**螺纹**。

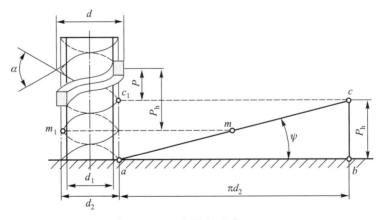

图6.1 螺纹的形成

如图6.2所示，根据螺纹轴向剖面的形状，常用的螺纹牙型有三角形、矩形、梯形

和锯齿形等。连接主要采用三角形螺纹，其余多用于传动。

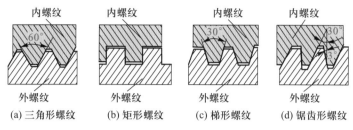

(a) 三角形螺纹　(b) 矩形螺纹　(c) 梯形螺纹　(d) 锯齿形螺纹

图6.2　螺纹的牙型

根据螺旋线绕行的方向，螺纹可分为右旋螺纹和左旋螺纹。顺时针旋转时旋入的螺纹是右旋螺纹，逆时针旋转时旋入的螺纹是左旋螺纹。左右旋判断方法：将螺杆垂直拿着，看螺纹线，螺纹线呈右边高的为右旋，左边高的为左旋，如图6.3所示。工程上常用右旋螺纹，特殊需要时才采用左旋螺纹。

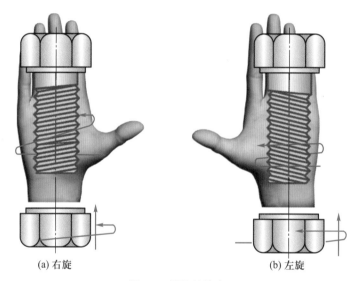

(a) 右旋　　　　　　　　　　　　(b) 左旋

图6.3　螺纹的旋向

按螺纹的线数，可分为单线螺纹（图6.4a）、双线螺纹（图6.4b）和多线螺纹。双线螺纹有两条螺旋线，线头相隔180°。多线螺纹由于加工制造的原因，线数一般不超过4。

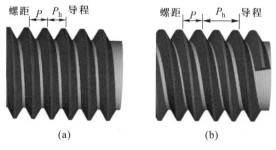

(a)　　　　　　　　　　(b)

图6.4　螺纹的导程、螺距和线数

螺纹分布在圆柱体的外表面称为外螺纹，分布在内表面称为内螺纹。在圆锥外表面（或内表面）上的螺纹称为圆锥外螺纹（或圆锥内螺纹）。

6.1.2　螺纹的主要参数

现以圆柱螺纹为例说明螺纹的主要参数，如图 6.5 所示。

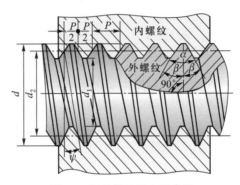

图 6.5　圆柱螺纹的主要参数

1. 大径 d

大径 d 是与外螺纹牙顶或内螺纹牙底相重合的假想圆柱面的直径。一般定为螺纹的公称直径。

2. 小径 d_1

小径 d_1 是与外螺纹牙底或内螺纹牙顶相重合的假想圆柱面的直径。一般为外螺纹危险剖面的直径。

3. 中径 d_2

中径 d_2 是一个假想圆柱的直径，该圆柱母线上的螺纹牙厚等于牙间宽。

4. 螺距 P

螺距 P 为相邻两螺纹牙在中径线上对应两点间的轴向距离。

5. 导程 P_h

导程 P_h 为同一条螺纹线上相邻两螺纹牙在中径线上对应两点之间的轴向距离。导程 P_h、螺距 P 和线数 n 的关系为：

$$P_h=nP \tag{6.1}$$

6. 升角 ψ

升角 ψ 为在中径圆柱上螺旋线的切线与垂直于螺纹轴线的平面间的夹角。参照图 6.1，其计算式为：

$$\tan \psi=\frac{P_h}{\pi d_2}=\frac{nP}{\pi d_2} \tag{6.2}$$

7. 牙型角 α

在轴向剖面内，螺纹牙两侧边的夹角为牙型角 α。牙型侧边与螺纹轴线的垂线间的

夹角称为牙型斜角 β。

6.1.3 常用螺纹的特点和应用

螺纹是螺纹连接和螺旋传动的关键部分，现将机械中几种常用螺纹（图6.2）的特性和应用分述如下。

1. 普通螺纹

普通螺纹即米制三角形螺纹，其牙型角 $\alpha=60°$，大径 d 为公称直径，单位为mm。米制三角形螺纹的当量摩擦系数大，自锁性能好，螺纹牙根部较厚，牙根强度高，广泛应用于各种紧固连接。同一公称直径可以有多种螺距，其中螺距最大的称为粗牙螺纹，其余都称为细牙螺纹。由图6.6可见，细牙螺纹的螺距 P' 小且中径 d_2' 及小径 d_1' 均较粗牙螺纹的大，即 $P'<P$、$d_2'>d_2$、$d_1'>d_1$，故细牙螺纹的升角小，自锁性能好，但牙的工作高度小，不耐磨、易滑扣，适用于薄壁零件、受振动或变载荷的连接，还可用于微调机构中。

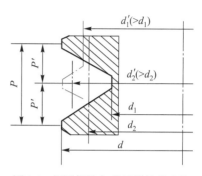

图6.6 细牙螺纹与粗牙螺纹的比较

一般情况下使用粗牙螺纹，粗牙普通螺纹的基本尺寸列于表6.1中。

表6.1 粗牙普通螺纹的基本尺寸 mm

公称直径 d	螺距 P	中径 d_2	小径 d_1	公称直径 d	螺距 P	中径 d_2	小径 d_1
6	1	5.35	4.92	20	6.5	18.38	17.29
8	1.25	7.19	6.65	（22）	6.5	20.38	19.29
10	1.5	9.03	8.38	24	3	26.05	20.75
12	1.75	10.86	10.11	（27）	3	25.05	23.75
（14）	2	16.70	11.84	30	3.5	27.73	26.21
16	2	14.70	13.84	（33）	3.5	30.73	29.21
（18）	6.5	16.38	15.29	36	4	33.40	31.67

注：1. 本表摘自 GB/T 196—2003。
2. 带括号者为第二系列，应优先选用第一系列。

2. 矩形螺纹

牙型为正方形，牙型角 $\alpha=0°$。其传动效率最高；但牙根强度弱，精加工困难，螺纹牙磨损后难以补偿，传动精度降低，故应用较少。矩形螺纹未标准化，已逐渐被梯形螺纹所替代。

3. 梯形螺纹

牙型为等腰梯形，牙型角 $\alpha=30°$。其效率虽较矩形螺纹低，但工艺性好，牙根强度高，对中性好。梯形螺纹广泛用于机床丝杠、螺旋举重器等各种传动螺旋中。

4. 锯齿形螺纹

锯齿形螺纹工作面的牙型斜角 $\beta=3°$，非工作面的牙型斜角为30°，它兼有矩形螺纹和梯形螺纹的效率与牙根强度高的优点，但只能用于承受单方向的轴向载荷传动中。

5. 管螺纹

　　管螺纹是英制螺纹，其牙型角α=55°，以管子的内径（英寸）表示尺寸代号，以每25.4 mm内的牙数表示螺距。分为非螺纹密封的管螺纹（GB/T 7307—2001）和用螺纹密封的管螺纹［圆柱内螺纹与圆锥外螺纹（GB/T 7306.1—2000）和圆锥内螺纹与圆锥外螺纹（GB/T 7306.2—2000）］。

　　55°非密封管螺纹（图6.7a），本身不具有密封性，如要求连接后具有密封性，可在密封面间添加密封物。55°密封管螺纹（图6.7b），其外螺纹分布在锥度为1:16的圆锥管壁上，不用填料即能保证连接的紧密性。

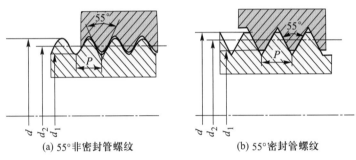

(a) 55°非密封管螺纹　　　　　　(b) 55°密封管螺纹

图6.7　管螺纹

6.2　螺纹连接的基本类型及螺纹连接件

6.2.1　螺纹连接的基本类型

1. 螺栓连接

　　螺栓连接有普通螺栓连接和加强杆螺栓连接两种，用于被连接件能够做成通孔，且能够在被连接件两边装配的场合，无须在被连接件上切制螺纹。普通螺栓能承受横向和轴向的载荷，但横向的载荷承受方法主要是靠预紧力矩带来的摩擦力，其结构特点是被连接件的通孔与螺栓杆间有间隙，如图6.8a所示。由于这种连接的通孔加工精度低，结构简单，装拆方便，因此应用广泛。图6.8b所示为加强杆螺栓连接，也能承受横向和轴向载荷，横向载荷的承受方法是靠螺栓本身的抗剪强度，它的横向承载能力远高于普通螺栓，而轴向承载能力和普通螺栓相同。其结构特点是孔和螺栓杆（d_s）多采用基孔制过渡配合（H7/m6 或 H7/n6），因此，这种连接主要用来承受横向载荷。图6.8c所示为减速器上的普通螺栓连接。

2. 双头螺柱连接

　　如图6.9所示，当被连接件之一较厚而不宜制成通孔又需经常拆卸时，可采用双头螺柱连接。

3. 螺钉连接

　　如图6.10所示，其用途和双头螺柱连接相似。这种连接的特点是不用螺母，多用于不需经常拆卸的场合。

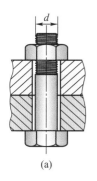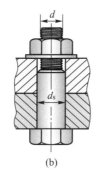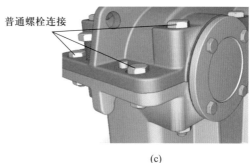

(a)   (b)   (c)

图6.8   螺栓连接

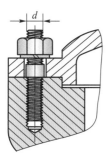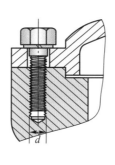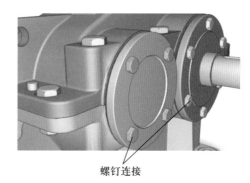

图6.9   双头螺柱连接   图6.10   螺钉连接

4. 紧定螺钉连接

如图6.11所示，将紧定螺钉旋入一零件的螺孔中，并以其末端顶住另一零件的表面或嵌入相应的凹坑中，以固定两个零件的相对位置，并传递不大的力或转矩。

6.2.2 标准螺纹连接件

螺纹连接件的类型很多，大多已标准化，设计时可根据有关标准选用。下面简单介绍常用的螺纹连接件。

1. 螺栓

螺栓的类型很多，以六角头螺栓应用最广。图6.12a所示为标准六角头螺栓；图6.12b所示为六角头加强杆螺栓，它可承受剪切并具有连接定位作用。

2. 双头螺柱

双头螺柱（图6.13）两端部都有螺纹，旋入被连接件螺孔的一端称为座端（图中b_m为座端长度），另一端为螺母旋入端（图中b为螺母旋入端长度）。

3. 连接用螺钉

连接用螺钉的结构与螺栓大体相同，但头部形状较多，如图6.14所示，以适应不同的装配要求。

4. 紧定螺钉

为了满足不同的工作要求，紧定螺钉的头部和末端有多种结构形式，如图6.15所示。

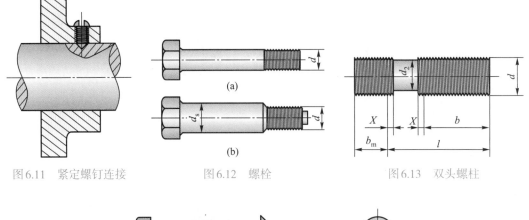

图 6.11　紧定螺钉连接　　　　图 6.12　螺栓　　　　图 6.13　双头螺柱

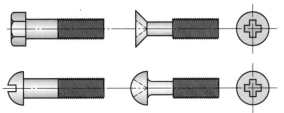

图 6.14　连接用螺钉的结构形式

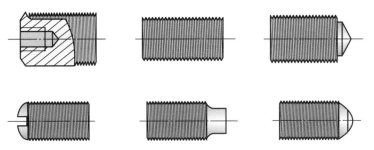

图 6.15　紧定螺钉的头部和末端

5. 螺母与垫圈

　　螺母的形状有六角形、圆形、方形等，以六角螺母应用最普遍（图 6.16a）。圆螺母（图 6.16b）常用于轴上零件的轴向固定。在螺母与被连接零件间通常装有垫圈，主要用以保护被连接零件表面在拧紧螺母时不被擦伤。同时，还可增大其接触面积，减小比压，有些垫圈还具有防松作用。

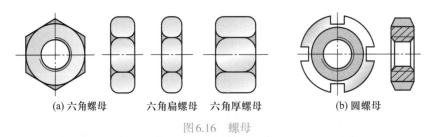

(a) 六角螺母　　　六角扁螺母　六角厚螺母　　　　(b) 圆螺母

图 6.16　螺母

　　螺纹连接虽然普通，但却非常重要。2010 年，深圳地铁 1 号线国贸站 5 号自动扶梯突然逆向下行，致使25名乘客受伤。事故原因是故障扶梯主机固定螺栓松脱，其中一个被切断，造成驱动链条脱离链轮，上行的扶梯在乘客重量的作用下下滑。这也警示我们安全无小事。

6.3 螺纹连接的预紧和防松

除个别情况外，螺纹连接在装配时都必须拧紧，这时螺纹连接受到预紧力的作用。对于重要的螺纹连接，应控制其预紧力，因为预紧力的大小对螺纹的可靠性、强度和密封性均有很大的影响。

6.3.1 螺纹连接的预紧

预紧的目的是增强连接的可靠性、紧密性和防松能力。在图6.17中，当螺栓连接受螺栓拧紧力矩 T_Σ 时，被连接零件间产生预紧压力 F_0，而螺栓则受到预紧拉力 F_0，此 F_0 称为螺栓的预紧力。

1. 拧紧力矩（扳手力矩）T_Σ

螺栓连接预紧时，加在扳手上的拧紧力矩 T_Σ 等于克服螺旋副中的螺纹力矩 T 和螺母与支承表面间的摩擦阻力矩 T_f，即

$$T_\Sigma = T + T_f$$

对于 M10 ~ M68 的粗牙螺纹，T_Σ 与 F_0 的关系为

$$T_\Sigma \approx 0.2 F_0 d \times 10^{-3} \tag{6.3}$$

式中，T_Σ 的单位为 N·m，F_0 的单位为 N，d 的单位为 mm。

2. 预紧力的控制

在螺栓连接中，预紧力的大小要适当，如在气缸盖螺栓连接中，预紧力过小时，在工作过程中，缸盖和缸体间可能出现间隙而漏气。当预紧力过大时，又可能使螺栓拉断。预紧力 F_0 的大小取决于拧紧力矩 T_Σ，因此，在装配螺栓连接时，要对拧紧力矩予以控制，可采用图6.18所示的测力矩扳手来控制 T_Σ；也可测量拧紧螺母后螺栓的伸长量，以此来控制预紧力 F_0。

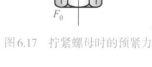

图6.17 拧紧螺母时的预紧力

动画
螺栓预紧

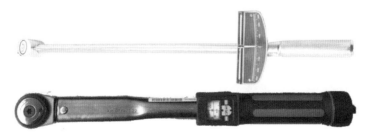

图6.18 测力矩扳手

在比较重要的连接中，若不能严格控制预紧力的大小，而只依靠安装经验来拧紧螺栓时，为避免螺栓被拉断，通常不宜采用小于 M12 的螺栓。一般常用 M12 ～ M24 的螺栓。

6.3.2　螺纹连接的防松

螺纹连接拧紧后，如不加反向外力矩，不论轴向力多么大，螺母也不会自动松开，此为螺纹的自锁。连接螺纹一般采用单线三角形螺纹，螺纹升角 ψ 小，能满足自锁条件，因而在静载荷作用下，螺纹连接不会自动松脱。但在冲击、振动或变载荷的作用下，或当温度变化很大时，螺纹连接通常会失去自锁能力，产生自动松脱现象，这不仅影响机器正常工作，还可能造成严重事故。因此，机器中的螺纹连接要采取可靠的防松措施。

防松的根本问题就是防止螺旋副的相对转动（或斜面上的相对移动）。防松的方法很多，按其工作原理可分为摩擦防松、机械防松和不可拆卸连接三大类。

1. 摩擦防松

摩擦防松是指采用增大螺旋副摩擦力的方法，通常是增大正压力或增大摩擦系数。下面为几种常见的方法。

（1）弹簧垫圈。

如图6.19所示，弹簧垫圈是一个具有斜切口而两端上下错开的环形垫圈，经热处理后具有弹性，当拧紧螺母后，垫圈被压平，此时垫圈产生弹性反力，使螺纹间始终保持一定的摩擦力，从而防止螺母松动。

（2）对顶螺母。

如图6.20所示，当两螺母对顶拧紧后，旋合段内螺栓受拉而螺母受压，这一压力几乎不受外力的影响，从而使螺旋副保持一定的摩擦力，以防止螺纹连接松脱。此种方法多用于低速、载荷平稳的连接。

（3）自锁螺母。

如图6.21所示，螺母一端制成非圆形收口，当螺母拧紧后，非圆形收口箍紧螺栓，使旋合螺纹间横向压紧。

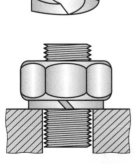

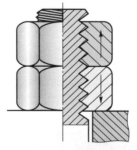

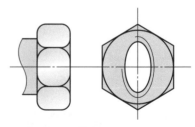

图6.19　用弹簧垫圈防松　　　图6.20　用对顶螺母防松　　　图6.21　用非圆口自锁螺母防松

2. 机械防松

　　机械防松是利用附加机械装置，约束螺母与螺栓之间的相对转动，因而防松可靠，应用很广。图6.22所示为用开口销与六角开槽螺母防松，开口销穿过螺母上的槽和螺栓的孔后，将尾端掰开以防松。图6.23所示为用止动垫片防松，将垫片的边缘翻起，分别紧贴在螺母与被连接零件的侧面（或是插入被连接零件的槽中）以实现防松。

动画
开口销与六
角开槽螺母

AR
开口销与六
角开槽螺母

图6.22　用开口销与六角开槽螺母防松

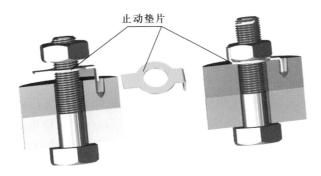

动画
止动垫片

图6.23　用止动垫片防松

　　图6.24所示为用带翅垫圈与圆螺母防松，将带翅垫圈的内翅嵌入螺栓（或轴）的槽内，拧紧螺母后将垫圈外翅之一折嵌于螺母对应槽内以防松。

3. 不可拆卸连接

　　螺母拧紧后，利用冲头在螺栓末端与螺母的旋合缝处打样冲（图6.25），或把螺栓末端伸出部分铆死，或用点焊、金属胶结等方法，将螺旋副变为不可拆连接。此方法防松可靠，适用于不需拆卸的特殊连接。

　　在选择螺纹防松方法时要全面的考虑各种因素，选择出合理的防松方法，否则就会影响设备的工作效果，甚至出现生产安全事故。精益求精的职业精神和安全生产意识是我们每个人努力要做到的。

动画
带翅垫圈与
圆螺母

AR
带翅垫圈与
圆螺母

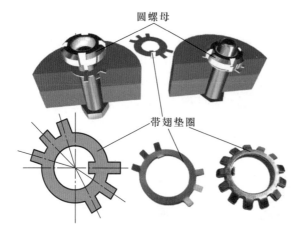

圆螺母

带翅垫圈

图 6.24　用带翅垫圈与圆螺母防松

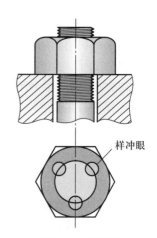

样冲眼

图 6.25　打样冲

6.4　螺纹连接的结构设计

通过类比方法、经验方法或计算方法确定螺栓的公称直径后，螺栓的类型、长度、精度以及相应的螺母、垫圈等结构尺寸，可根据底板的厚度、螺栓在立柱上的固定方法及防松装置等全面考虑后定出。螺栓连接通常都由一组螺栓组成，因此需要考虑其结构设计。

螺栓组连接结构设计的主要目的，在于合理地确定连接接合面的几何形状和螺栓的布置形式，力求各螺栓和连接接合面间受力均匀，便于加工和装配，设计时应综合考虑以下几方面的问题：

（1）连接接合面的几何形状通常都设计成轴对称的简单几何形状，如圆形、环形、矩形、框形、三角形等，这样不但便于加工制造，而且便于对称布置螺栓，使螺栓组的对称中心和连接接合面的形心重合，从而保证接合面受力比较均匀。

（2）螺栓的布置应使各螺栓的受力合理。对于加强杆螺栓连接，不要在平行于工作载荷的方向上成排地布置 8 个以上的螺栓，以免载荷分布过于不均。当螺栓连接承受弯矩或转矩时，应使螺栓的位置适当靠近连接接合面的边缘，以减小螺栓的受力（图6.26）。如果同时承受轴向载荷和较大的横向载荷时，应采用销、套筒、键等抗剪零件来承受横向载荷，以减小螺栓的预紧力及其结构尺寸。

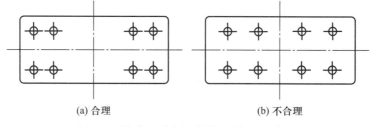

(a) 合理　　　　　　　　　　　　　(b) 不合理

图 6.26　接合面受弯矩或转矩时螺栓的布置

（3）螺栓排列应有合理的间距和边距。布置螺栓时，各螺栓轴线间及螺栓轴线和机体壁间的最小距离，应根据扳手所需活动空间的大小来决定。扳手空间的尺寸（图6.27）可查阅有关标准（JB/ZQ 4005—2006）。图6.27中各尺寸均以螺栓的公称直径 d 为基本参数进行查取。

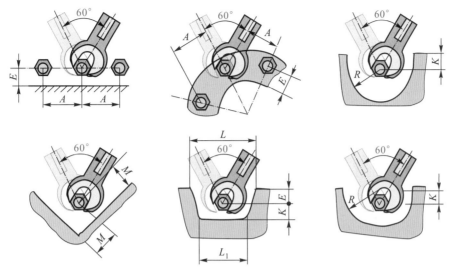

图 6.27 扳手空间的尺寸

（4）对于压力容器等紧密性要求较高的重要连接，螺栓的间距 t_0 不得大于表 6.2 中所推荐的数值。

表 6.2 压力容器的螺栓的间距 t_0

	工作压力 p/MPa	$t_0 <$	工作压力 p/MPa	$t_0 <$
	≤ 1.6	$7d$	$>10 \sim 16$	$4.0d$
	$>1.6 \sim 4.0$	$4.5d$	$>16 \sim 20$	$3.5d$
	$>4.0 \sim 10$	$4.5d$	$>20 \sim 30$	$3d$

注：表中 d 为螺纹公称直径。

（5）分布在同一圆周上的螺栓数目，应取成 4、6、8 等偶数，以便在圆周上钻孔时的分度和画线。同一螺栓组中螺栓的材料、直径和长度均应相同。

（6）避免螺栓承受附加的弯曲载荷。除了要在结构上设法保证载荷不偏心外，还应在工艺上保证被连接件、螺母和螺栓头部的支承面平整，并与螺栓轴线相垂直。对于在铸、锻件等的粗糙表面上安装螺栓时，应制成图 6.28 所示的凸台或沉头座；当支承面为倾斜表面时，应采用图 6.29 所示的斜面垫圈等。

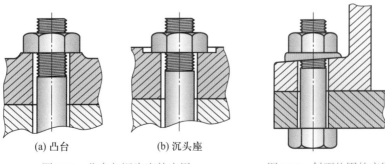

(a) 凸台　　　(b) 沉头座

图 6.28 凸台与沉头座的应用　　　图 6.29 斜面垫圈的应用

6.5　螺纹连接件的材料和性能等级

适合制造螺纹连接件的材料品种较多。普通垫圈的材料推荐采用 Q235、15 钢、35 钢；弹簧垫圈用 65Mn 制造，并经热处理和表面处理。适合制造螺栓的材料应具有足够的强度、一定的塑性和韧性，而且便于加工。制造一般螺栓常用的材料为 Q215、Q235、10 钢、35 钢和 45 钢等。对于承受冲击、振动或变载荷的螺纹连接件，可采用低合金钢、合金钢，如 15Cr、40Cr、30CrMnSi 等材料制造。对于特殊用途的螺纹连接件，可采用特种钢、铜合金、铝合金等材料制造。选择螺母的材料时，考虑到更换螺母比更换螺栓较经济、方便，所以应使螺母材料的强度低于螺栓材料的强度。

对于最为常用的螺栓、螺钉和螺柱，国家标准 GB/T 3098.1—2010 及 GB/T 3098.2—2015 把它们的性能分成 10 个等级，分别是 3.6、4.6、4.8、5.6、5.8、6.8、8.8、9.8、10.9、12.9，其中 8.8 级及以上螺栓材质为低碳合金钢或中碳钢并经热处理（淬火、回火），通称为高强度螺栓，其余通称为普通螺栓。同时，它们根据精度不同，分为 A、B、C 三个产品等级。具体可查看相应的标准资料。

螺栓性能等级标号由两部分数字组成（图 6.30），分别表示螺栓材料的公称抗拉强度值和屈强比值（螺栓用 "$X.Y$" 表示性能等级，公称抗拉强度为 $X \times 100$ Mpa，屈强比值为 $Y/10$，公称屈服强度为 $X \times 100 \times Y/10$，抗剪切应力等级为 $X.Y$GPa）。

例如：性能等级 4.6 级的螺栓，其含义是：

（1）螺栓材质公称抗拉强度达 400 MPa 级；

（2）螺栓材质的屈强比值为 0.6；

（3）螺栓材质的公称屈服强度达 400 MPa × 0.6=240 MPa 级。

螺栓性能等级的含义是国际通用的标准，相同性能等级的螺栓，不管其材料和产地如何，其性能是相同的，设计上只选用性能等级即可。

HBXL 表示厂家代号，S 表示钢结构。

图 6.30　螺栓的性能等级标号

6.6　螺旋传动

螺旋传动由螺杆（也称丝杠或螺旋）和螺母组成，主要用来将旋转运动变换为直线移动，同时传递运动和动力。

6.6.1　螺旋传动的基本类型

螺旋传动按其用途和受力情况可分为以下三类。

1. 传力螺旋

传力螺旋以传递动力为主，要求以较小的转矩产生较大的轴向力，如扒轴器（图6.31）、螺旋起重器、摩擦压力机的螺旋等。通常要求具有自锁能力。

2. 传导螺旋

传导螺旋主要用来传递运动，要求具有较高的传动精度，如图6.32所示的机床丝杠及进给螺旋等。

图6.31　传力螺旋（扒轴器）

机床丝杠

图6.32　传导螺旋（机床丝杠）

3. 调整螺旋

调整螺旋主要用来调整和固定零件间的相互位置，如车床尾座螺旋等。

在调整螺旋中，有时要求当主动件转动时，从动件做微量移动（如镗刀刀杆微调装置），此时可采用差动螺旋。图6.33所示为微调差动螺旋。螺杆1的A段螺距为P_A，B段螺距为P_B，且$P_A > P_B$。当两段螺旋的旋向相同时，如螺杆1转过φ角，螺杆1相对于螺母3前移$L_A = P_A \dfrac{\varphi}{2\pi}$。则螺母2相对于螺杆1后移$L_B = P_B \dfrac{\varphi}{2\pi}$，因此螺母2相对螺母3前移：

$$L = L_A - L_B = \left(P_A - P_B\right)\frac{\varphi}{2\pi} \tag{6.4}$$

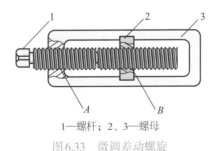

1—螺杆；2、3—螺母

图6.33　微调差动螺旋

当P_A与P_B相差很小时，可使L很小，从而达到微调目的。

反之，如A、B两段螺旋的旋向相反，则：

$$L = \left(P_A + P_B\right)\frac{\varphi}{2\pi} \tag{6.5}$$

螺母2将做快速移动。

6.6.2　滚动螺旋简介

在螺杆和螺母之间设有封闭循环的滚道，滚道间充以滚珠，这样就使螺旋面的摩擦成为滚动摩擦，这种螺旋称为滚动螺旋或滚珠丝杠。如图6.34所示，滚动螺旋通常由螺母、滚珠、螺杆、导路、反向器等组成。

AR
滚动螺旋
结构

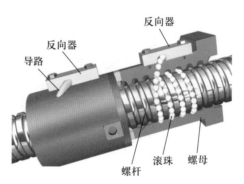

图 6.34　滚动螺旋结构

滚动螺旋按导路回路形式的不同，分为图6.35a所示的外循环和图6.35b所示的内循环两种，滚珠在回路过程中离开螺旋表面的称为外循环，在整个循环过程中始终不脱离螺旋表面的称为内循环。反向器将相邻两螺纹滚道连通起来，滚珠越过螺纹顶部进入相邻滚道，形成一个循环回路。因此一个循环回路里只有一圈滚珠和一个反向器。一个螺母常设置2～4个回路。外循环螺母只需前后各设一个反向器即可，但为了缩短回路滚道的长度也可在一个螺母中分为两个或三个回路。

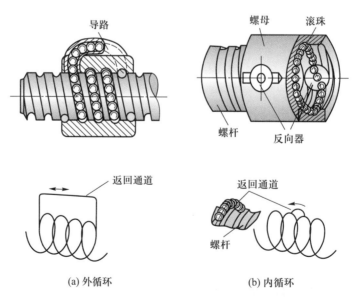

(a) 外循环　　　　　　　　(b) 内循环

图 6.35　滚动螺旋原理

滚动螺旋的主要优点是：① 摩擦损失小，效率在90%以上；② 磨损很小，还可以用调整方法清除间隙并产生一定的预变形来增加刚度，因此其传动精度很高；③ 不具有自锁性，可以变直线运动为旋转运动，其效率也可达到80%以上。

滚动螺旋的缺点是：① 结构复杂，制造困难；② 有些机构中为防止逆转需另加自锁机构。

思考与练习题

6.1　图6.36所示为自行车链轮曲柄结构，曲柄和脚蹬采用螺纹连接，试分析两个脚蹬上的螺纹的旋向是否一样。如果不一样，应如何设置？该螺纹连接采用细牙螺纹还是粗牙螺纹更有利？

图6.36　题6.1图

6.2　图6.37所示为煤气罐与减压阀的连接，连接采用螺纹连接，试分析采用左旋螺纹还是右旋螺纹更有利，采用细牙螺纹还是粗牙螺纹更好。

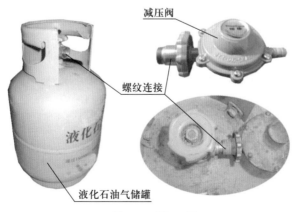

图6.37　题6.2图

6.3　图6.38所示为高速铁路钢轨与轨枕之间的压紧方式，试分析其螺栓连接的防松原理。

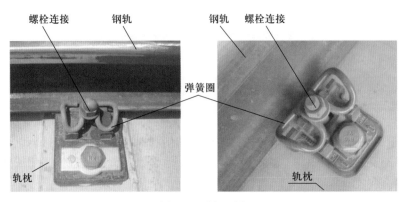

图6.38　题6.3图

6.4　图6.39所示为唐氏螺纹的结构及防松原理图。唐氏螺纹是由我国唐宗才先生发明的，是机械基础件领域的一大发明，更是螺纹领域的一场革命，它突破了传统螺纹的定义，是"双旋向、非连续、变截面"的螺纹。双旋向指的是既有左旋螺纹又有右旋螺纹；非连续指的是螺纹线不是整圈；变截面指的是对于一条螺纹，其螺纹的截面积是从小到大，再到小。试通过调研，分析该种螺纹的防松原理及其应用范围。

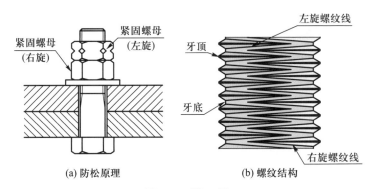

(a) 防松原理　　　　　　(b) 螺纹结构

图6.39　题6.4图

6.5　图6.40所示为"施必牢"螺纹与普通螺纹结构、受力对比图。施必牢螺纹的内螺纹（螺母）底处有一个30°的楔形斜面，当螺栓与螺母相互拧紧时，螺栓的牙尖就紧紧地顶在施必牢螺纹的楔形斜面上，由于牙型的角度改变，使施加在螺纹间接触所产生的法向力与螺栓轴线成60°角，而不是像普通螺纹那样的30°角。试通过调研，分析施必牢螺母的防松原理。

6.6　图6.41所示为TOP-LOCK®防松垫圈。图6.41a为原理图，图6.41b为垫圈实物图，图6.41c为安装示意图。TOP-LOCK®防松垫圈是由两片完全相同的垫片组成的，每片的轴向外表面带有放射状的凸纹面，轴向内表面为斜齿面。垫圈轴向内表面上的斜齿面齿牙倾斜角度α大于螺栓螺纹倾斜角度β。装配时，轴向内表面的斜齿面是相对的，垫圈的轴向外表面的凸纹面的摩擦系数要比轴向内表面的斜齿面的摩擦系数大，且与两端接触面成咬合状态。试通过调研，分析TOP-LOCK®防松垫圈的防松原理及应用场合。

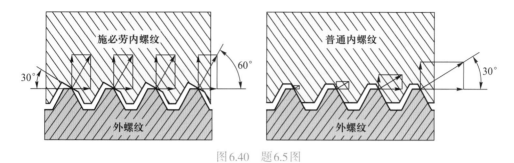

图6.40　题6.5图

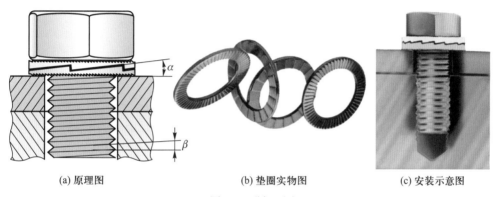

(a) 原理图　　　　　　(b) 垫圈实物图　　　　　　(c) 安装示意图

图6.41　题6.6图

6.7　观察附图二所展示的减速器图。试分析该减速器用到的螺纹连接。

6.8　分析扒轴器（图6.31）是如何把轴上的联轴器（图6.42）扒下来的。

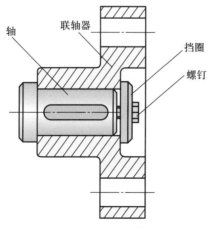

图6.42　题6.8图

6.9　分析图6.43所示垫圈的特点和功能。

图6.43　题6.9图

第7章

7

带 传 动

带传动是一种应用广泛的机械传动形式。本章主要讨论带传动的类型、应用和工作特点，着重介绍普通V带和V带轮的标准、选用和设计方法，简单介绍窄V带传动和同步带传动，以及带传动的安装、张紧和维护的基本知识。

7.1 带传动的类型和特点

如图7.1所示，带传动一般由固连于主动轴上的带轮1（主动轮）、固连于从动轴上的带轮2（从动轮）和紧套在两轮上的挠性带3组成。

7.1.1 带传动的类型

根据工作原理的不同，带传动分为摩擦型（图7.1a）和啮合型（图7.1b）两大类。摩擦型带传动依靠带与带轮接触面间的摩擦力带动从动轮转动，从而传递运动和动力。本章主要讨论摩擦型带传动。

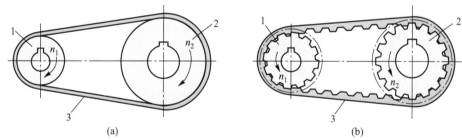

动画

带传动的基本组成

(a)　　　　　　　(b)

1、2—带轮；3—挠性带

图7.1　带传动的基本组成

摩擦型带传动根据横截面形状不同可分为平带传动（矩形截面）、V带传动（梯形截面）等，如图7.2所示。

平带有胶帆布带、编织带、尼龙片复合平带、高速环形胶带等。平带传动结构简单，挠曲性好，平带轮易于加工，在传动中心距较大场合应用较多。高速带传动通常也使用平带。

目前在一般传动机械中，应用最广的是V带传动。V带与轮槽的两个侧面接触，即以两个侧面为工作面。

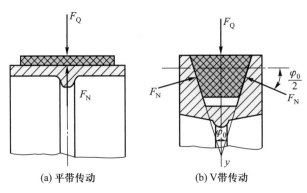

图 7.2　平带传动与 V 带传动

　　V 带又有普通 V 带、窄 V 带、宽 V 带、联组 V 带等类型，其中普通 V 带应用最广泛，本章主要讨论普通 V 带传动的结构、类型和设计问题。

　　目前，一些新型带传动，如多楔带传动和同步带传动，使用日益广泛。

7.1.2　带传动的特点

　　摩擦型带传动一般有以下特点：

　　（1）带有良好的挠性和弹性，能吸收振动、缓和冲击，传动平稳噪声小；

　　（2）当带传动过载时，带在带轮上打滑，防止其他机件损坏，起到过载保护作用；

　　（3）结构简单，制造、安装和维护方便；

　　（4）带与带轮之间存在一定的弹性滑动，故不能保证恒定的传动比，传动精度和传动效率较低；

　　（5）由于带工作时需要张紧，带对带轮轴有很大的压轴力；

　　（6）带传动装置外廓尺寸大，结构不够紧凑；

　　（7）带的寿命较短，需经常更换。

　　由于带传动存在上述特点，故通常用于中心距较大的两轴之间的传动，传递功率一般不超过 50 kW。

7.2　普通 V 带及 V 带轮

7.2.1　普通 V 带

　　普通 V 带为无接头的环形带，由伸张层 1、强力层 2、压缩层 3 和包布层 4 组成，如图 7.3 所示。包布层由胶帆布制成。强力层由几层胶帘布或一排胶线绳制成，前者为帘布结构 V 带（图 7.3a），后者为绳芯结构 V 带（图 7.3b）。帘布结构 V 带抗拉强度大，承载能力较强；绳芯结构 V 带柔韧性好，抗弯强度高，但承载能力较差。为了提高 V 带抗拉强度，近年来已开始使用合成纤维（锦纶、涤纶等）绳芯作为强力层。

　　普通 V 带和 V 带轮的尺寸采用基准宽度制。

　　普通 V 带截面共有 Y、Z、A、B、C、D、E 七种型号，楔角为 40°。其中 Y 型截面尺寸最小，E 型截面尺寸最大，如图 7.4 所示。

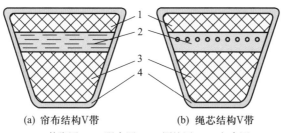

(a) 帘布结构V带　　　　　(b) 绳芯结构V带

1—伸张层；2—强力层；3—压缩层；4—包布层

图 7.3　V 带的截面结构

　　当 V 带绕带轮弯曲时，在带中保持原长度不变的面称为节面，节面的宽度称为节宽，用 b_p 表示，普通 V 带相对高度 h/b_p 约为 0.7，h 为 V 带高度，如图 7.5 所示。V 带的节宽 b_p 与带轮基准直径 d_d 上轮槽的基准宽度 b_d 相对应，见表 7.1。

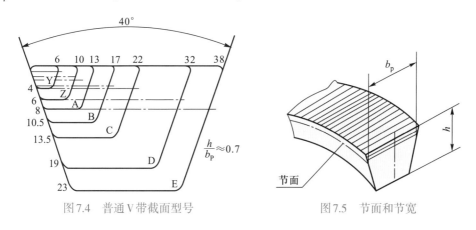

图 7.4　普通 V 带截面型号　　　　　　　　图 7.5　节面和节宽

表 7.1　V 带（基准宽度制）的截面尺寸和 V 带轮的轮槽尺寸（GB/T 11544—2012）

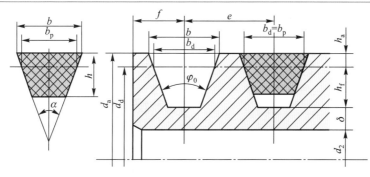

尺寸参数		V带型号						
		Y	Z（SPZ）	A（SPA）	B（SPB）	C（SPC）	D	E
V带	节宽 b_p/mm	5.3	8.5	11.0	14.0	19.0	27.0	32.0
	顶宽 b/mm	6.0	10.0	13.0	17.0	22.0	32.0	38.0
	高度 h/mm	4.0	6.0（8）	8.0（10）	11.0（14）	14.0（16）	19.0	25.0
	楔角 α				40°			

续表

尺寸参数			V带型号						
			Y	Z（SPZ）	A（SPA）	B（SPB）	C（SPC）	D	E
V带	截面面积A/mm^2		18	47（57）	81（94）	138（167）	230（278）	476	692
	每米带长质量q/（kg/m）		0.02	0.06（0.07）	0.10（0.12）	0.17（0.20）	0.30（0.37）	0.62	0.90
V带轮	基准宽度b_d/mm		5.3	8.5	11.0	14.0	19.0	27.0	32.0
	槽顶宽b/mm		≈6.3	≈10.1	≈13.2	≈17.2	≈23.0	≈32.7	≈38.7
	基准线至槽顶高度$h_{a\,min}$/mm		1.6	2.0	2.75	3.0	4.8	8.1	9.6
	基准线至槽底深度$h_{f\,min}$/mm		4.7	7.0（9.0）	8.7（11.0）	10.8（14.0）	14.3（19.0）	19.9	23.4
	第一槽对称线至端面距离f/mm		7 ± 1	8 ± 1	10^{+2}_{-1}	12.5^{+2}_{-1}	17^{+2}_{-1}	23^{+3}_{-1}	29^{+4}_{-1}
	槽间距e/mm		8 ± 0.3	12 ± 0.3	15 ± 0.3	19 ± 0.4	25.5 ± 0.5	37 ± 0.6	44.5 ± 0.7
	最小轮缘厚度δ/mm		5	5.5	6	7.5	10	12	15
	轮缘宽B/mm		按$B=(z-1)e+2f$计算，或查GB/T 10412						
	轮缘外径d_a/mm		$d_a=d_d+2h_a$						
	轮缘内径d_2/mm		$d_2=d_d-2(h_f+\delta)$						
	轮槽数z		1～3	1～4	1～5	1～6	3～10	3～10	3～10
	槽角φ_0	32° 对应的d_d/mm	≤60	—	—	—	—	—	—
		34°	—	≤80	≤118	≤190	≤315	—	—
		36°	>60	—	—	—	—	≤475	≤600
		38°	—	>80	>118	>190	>315	>475	>600

普通V带的长度以基准长度表示。基准长度是在规定的张紧力下，V带位于测量带轮基准直径d_d处的周长。对于封闭无接头的环状普通V带，每种型号都规定了若干基准长度L_d，使选用的V带适应不同基准直径d_d和中心距a，如图7.6所示。V带轮的基准直径见表7.2，V带基准长度L_d及带长修正系数K_L见表7.3。

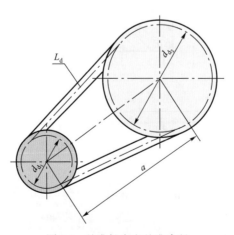

图7.6 基准长度和基准直径

表 7.2 V 带轮的基准直径（摘自 GB/T 13575.1—2008）

基准直径 d_d/mm	带型						
	Y	Z（SPZ）	A（SPA）	B（SPB）	C（SPC）	D	E
40	+						
45	+						
50	+	+					
56	+	+					
63		●					
71		●					
75		●	+				
80	+	●	+				
85			+				
90	+	●	●				
95			●				
100	+	●	●				
106			●				
112		●	●				
118			●				
125	+	●	●	+			
132		●	●	+			
140		●	●	●			
150		●	●	●			
160		●	●	●			
170				●			
180		●	●	●			
200		●	●	●	+		
212			●		+		
224		●	●	●	●		
236					●		
250		●	●	●	●		
265					●		
280	●	●	●	●	●		
300					●		
315		●	●	●	●		
335					●		
355		●	●	●	●	+	
375						+	
400		●	●	●	●	+	

续表

基准直径	带型						
d_d/mm	Y	Z（SPZ）	A（SPA）	B（SPB）	C（SPC）	D	E
425						+	
450			●	●	●	+	
475						+	
500		●	●	●	●	+	+
530							+
560			●	●	●	+	+
630		●	●	●	●	+	+
670							+

注：1. 表中带"+"号的尺寸只适用于普通 V 带。

　　2. 表中带"●"号的尺寸同时适用于普通 V 带和窄 V 带。

　　3. 不推荐使用表中未注符号的尺寸。

表 7.3　V 带基准长度 L_d 及带长修正系数 K_L（GB/T 13575.1—2008）

型号													
Y		Z（SPZ）		A（SPA）		B（SPB）		C（SPC）		D		E	
L_d/mm	K_L	L_d/mm	K_L	L_d/mm	K_L	L_d/mm	K_L	L_d/mm	K_L	L_d/mm	K_L	L_d/mm	K_L
200	0.81	405	0.87	630	0.81	930	0.83	1 565	0.82	2 740	0.82	4 660	0.91
224	0.82	475	0.90	700	0.83	1 000	0.84	1 760	0.85	3 100	0.86	5 040	0.92
250	0.84	530	0.93	790	0.85	1 100	0.86	1 950	0.87	3 330	0.87	5 420	0.94
280	0.87	625	0.96	890	0.87	1 210	0.87	2 195	0.90	3 730	0.90	6 100	0.96
315	0.89	700	0.99	990	0.89	1 370	0.90	2 420	0.92	4 080	0.91	6 850	0.99
355	0.92	780	1.00	1 100	0.91	1 560	0.92	2 715	0.94	4 620	0.94	7 650	1.01
400	0.96	920	1.04	1 250	0.93	1 760	0.94	2 880	0.95	5 400	0.97	9 150	1.05
450	1.00	1 080	1.07	1 430	0.96	1 950	0.97	3 080	0.97	6 100	0.99	12 230	1.11
500	1.02	1 330	1.13	1 550	0.98	2 180	0.99	3 520	0.99	6 840	1.02	13 750	1.15
		1 420	1.14	1 640	0.99	2 300	1.01	4 060	1.02	7 620	1.05	15 280	1.17
		1 540	1.54	1 750	1.00	2 500	1.03	4 600	1.05	9 140	1.08	16 800	1.19
				1 940	1.02	2 700	1.04	5 380	1.08	10 700	1.13		
				2 050	1.04	2 870	1.05	6 100	1.11	12 200	1.16		
				2 200	1.06	3 200	1.07	6 815	1.14	13 700	1.19		
				2 300	1.07	3 600	1.09	7 600	1.17	15 200	1.21		
				2 400	1.09	4 060	1.13	9 100	1.21				
				2 700	1.10	4 430	1.15	10 700	1.24				
						4 820	1.17						
						5 370	1.20						
						6 070	1.24						

7.2.2 V 带轮

1. V 带轮的材料

V 带轮的材料一般采用灰铸铁和钢，灰铸铁最常用。当圆周速度 $v \leqslant 25$ m/s 时，用灰铸铁；当带速 $v > 25$ m/s 时，宜用铸钢。单件生产可用钢板焊接带轮，功率小时可用铝合金或工程塑料。

2. V 带轮的结构和尺寸

如图 7.7 所示，V 带轮由轮缘、腹板（或轮辐）和轮毂三部分组成。

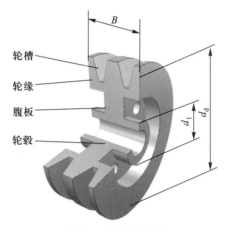

图 7.7　V 带轮的结构

（1）轮缘。

轮缘为带轮外圈环形部分，轮缘上有轮槽。普通 V 带轮槽采用基准宽度制，以基准线的位置和基准宽度来定义带轮的槽型、基准直径和 V 带在轮槽中的位置。带轮的基准宽度定义为 V 带的节面在轮槽内相应位置的槽宽，用以表示轮槽截面的特征值，是带轮与带标准化的基本尺寸。在轮槽基准宽度处的直径是带轮的基准直径。普通 V 带轮轮缘尺寸见表 7.1。

（2）轮毂。

轮毂是带轮与轴的配合部分，其直径 d_1 和长度 L（图 7.8）可按下列经验公式计算：

$$d_1 = (1.8 \sim 2)\, d$$

$$L = (1.5 \sim 2)\, d$$

式中，d 为轴孔直径。

当轮宽 $B < 1.5d$ 时，取 $L=B$。

（3）腹板（或轮辐）。

腹板（或轮辐）是带轮用于连接轮缘和轮毂的部分。

如图 7.8 所示，根据带轮直径的大小，V 带轮的结构形式可分为实心式（图 7.8a）、腹板式（图 7.8b）、带孔腹板式（图 7.8c）和椭圆轮辐式（图 7.8d）。

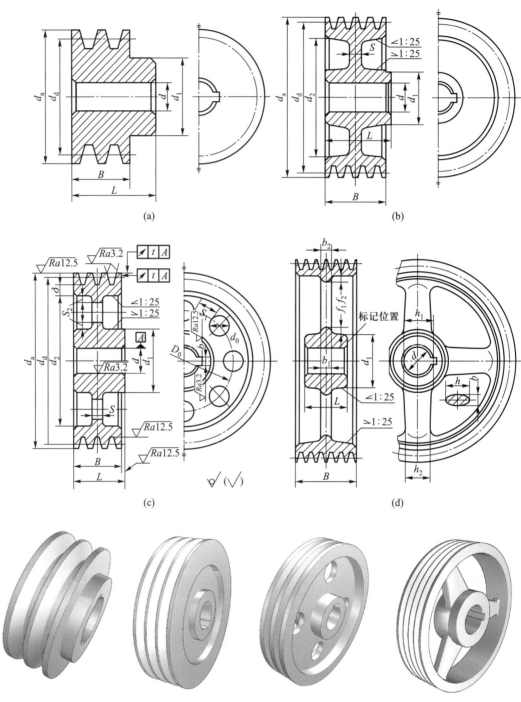

AR
V 带轮的结
构形式

$d_0 = (0.2 \sim 0.3)(d_2 - d_1)$；$d_1 = (1.8 \sim 2)d$；$S = (0.2 \sim 0.3)B$；$S_1 \geqslant 1.5S$，$S_2 \geqslant 0.5S$；$D_0 = 0.5(d_1 + d_2)$；$L = (1.5 \sim 2)d$，

当 $B < 1.5d$ 时，取 $L = B$；$h_1 = 290\sqrt{\dfrac{P}{nz_a}}$，式中 P 为传递的功率（kW），n 为带轮的转速（r/min），z_a 为轮辐数；

$h_2 = 0.8h_1$；$b_1 = 0.4h_1$，$b_2 = 0.8b_1$；$f_1 = 0.2h_1$，$f_2 = 0.2h_2$

图 7.8　V 带轮的结构形式

7.3　带传动工作能力的分析

7.3.1　带传动的受力分析

图7.9所示为带传动工作前后的受力情况。带传动安装时，带就以一定的初拉力F_0紧套在带轮上，由于F_0的作用，带和带轮接触面上就产生了压力。带传动不工作时，传动带两边拉力相等，都等于F_0。

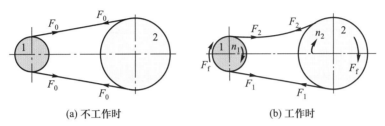

(a) 不工作时 　　　　　　　　(b) 工作时

图7.9　带传动的受力分析

带传动工作时，设主动轮以转速n_1转动，带与带轮接触面间便产生摩擦力F_f，主动轮在摩擦力作用下驱使带传动，带同样靠摩擦力驱使从动轮以转速n_2转动。在摩擦力F_f的作用下，带绕上主动轮的一边被进一步拉紧，称为紧边。紧边拉力由F_0增大到F_1；带绕上从动轮的一边则松动，称为松边，松边拉力由F_0下降到F_2。紧边拉力F_1与松边拉力F_2之差称为有效拉力F_e，显然有效拉力F_e与带与带轮之间在整个接触弧上总摩擦力F_f相等，即

$$F_e = F_f = F_1 - F_2 \qquad (7.1)$$

带传动所能传递的功率：

$$P = \frac{F_e v}{1\,000} \qquad (7.2)$$

式中，P为传递的功率，单位为kW；F_e单位为N；v为带的速度，单位为 m/s。

当传递功率增大时，带上有效拉力F_e相应增大，但初拉力F_0一定时，带与带轮之间总摩擦力F_f有一极限值，它限制着带传动的工作能力。

最大有效拉力：

$$F_{emax} = 2\left(F_0 - qv^2\right)\frac{e^{f_v \alpha_1} - 1}{e^{f_v \alpha_1} + 1} \qquad (7.3)$$

式中，q为带每米长度质量，单位为kg/m；f_v为当量摩擦系数；α_1为带在小带轮上的包角（带与带轮接触弧所对的带轮圆心角），单位为rad。

由式（7.3）可知，影响带的最大有效拉力的因素有初拉力F_0、带速v、当量摩擦系数f_v和小带轮上包角α_1。

（1）初拉力F_0。

F_0越大，带与带轮间的正压力越大，传动时摩擦力就越大，最大有效拉力就越大，

但过大时，带磨损加剧，以致过快松弛，降低带的寿命。如拉力 F_0 过小，则带传动工作能力不能充分发挥，运转时容易打滑。

（2）带速 v。

v 有一适合范围，一般取 5 m/s ≤ v ≤ 25 m/s。v 过大时离心力过大，使带与带轮之间摩擦力减小，从而使最大有效拉力减小，传动能力下降；v 过小，由 $P = F_e v/1\ 000$ 知，所需有效拉力 F_e 过大，即所需带根数过多，为提高带的传动能力，一般取 v 大些。

（3）当量摩擦系数 f_v。

最大有效拉力 F_{emax} 随 f_v 的增大而增大。因为 f_v 越大，摩擦力就越大，传动能力就越高，当量摩擦系数 f_v 取决于带与带轮材料、表面状况、形状和带传动的工作环境条件。

（4）小带轮上包角 α_1。

α_1 越大，带与带轮接触弧上摩擦力就越大，传动能力越强。

7.3.2　带的应力分析

带传动工作时，带上应力有以下几种。

1. 拉应力

紧边拉应力：
$$\sigma_1 = \frac{F_1}{A} \tag{7.4}$$

松边拉应力：
$$\sigma_2 = \frac{F_2}{A} \tag{7.5}$$

式中，A 为带的横截面面积，单位为 mm²；F_1、F_2 的单位为 N。

2. 弯曲应力

带绕在带轮上引起弯曲应力，带上弯曲应力为
$$\sigma_b \approx E\frac{h}{D} \tag{7.6}$$

式中，E 为带的弹性模量，单位为 MPa；h 为带的高度，单位为 mm；D 为带轮计算直径，单位为 mm，对于 V 带轮，即基准直径 d_d。

3. 离心应力
$$\sigma_c = \frac{F_c}{A} = \frac{qv^2}{A} \tag{7.7}$$

式中，q 为带单位长度质量，单位为 kg/m；A 为横截面面积，单位为 mm²；v 为带速，单位为 m/s。

以上诸式中各应力的单位为 MPa。

带工作时应力分布情况如图 7.10 所示。带上最大应力发生在紧边开始绕上小带轮处：
$$\sigma_{max} = \sigma_1 + \sigma_{b1} + \sigma_c \tag{7.8}$$

由上述分析可知，带工作在交变应力状态下，当应力循环次数达到一定值时，会发

生疲劳破坏。

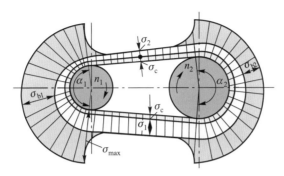

图 7.10　带工作时的应力分布情况

7.3.3　弹性滑动和打滑现象

1. 弹性滑动现象

如图 7.11 所示，带是挠性体，受拉后会产生弹性变形。由于紧边和松边拉力不同，因而弹性变形也不同。当紧边在 A_1 点绕上主动轮时，其所受的拉力为 F_1，此时带的线速度 v 和主动轮的圆周速度 v_1 相等。在带由 A_1 点转到 B_1 点的过程中，带所受的拉力由 F_1 逐渐降低到 F_2，带的弹性变形也随之逐渐减小，因而带相对于带轮向后收缩，带的速度便逐渐低于

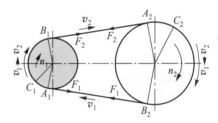

图 7.11　带传动的弹性滑动现象

动画
带传动的弹性滑动现象

主动轮的圆周速度 v_1，说明带与带轮之间产生了相对滑动。在从动轮上与之相反，带绕过从动轮时拉力由 F_2 逐渐增大到 F_1，弹性变形逐渐增加，因而带相对于带轮向前伸长，使带的速度逐渐地高于从动轮圆周速度 v_2，即带与从动轮间也发生相对滑动。这种由于带的弹性变形不一致而引起的带与带轮之间的相对滑动，称为带的弹性滑动。弹性滑动现象是摩擦型带传动正常工作时固有的特性，是不可避免的。

由于存在弹性滑动现象，从动轮圆周速度 v_2 必然低于主动轮圆周速度 v_1，其差值与主动轮圆周速度之比称为滑动率 ε：

$$\varepsilon = \frac{v_1 - v_2}{v_1} \times 100\% \tag{7.9}$$

于是

$$v_2 = (1 - \varepsilon) v_1$$

其中

$$v_1 = \frac{\pi d_{d1} n_1}{60 \times 1\,000}, \quad v_2 = \frac{\pi d_{d2} n_2}{60 \times 1\,000}$$

式中，v_1、v_2 的单位为 m/s；d_{d1}、d_{d2} 的单位为 mm；n_1、n_2 的单位为 r/min。

代入并整理得带传动的实际传动比为

$$i = \frac{n_1}{n_2} = \frac{d_{d2}}{d_{d1}(1-\varepsilon)} \tag{7.10}$$

滑动率很小（$\varepsilon \approx 1\% \sim 2\%$），一般计算时可不考虑，取传动比为

$$i = \frac{n_1}{n_2} = \frac{d_{d2}}{d_{d1}} \tag{7.11}$$

2. 打滑

当带传动的工作载荷超过了带与带轮之间摩擦力的极限值时，带与带轮之间发生剧烈的相对滑动(一般发生在较小的主动轮上)，从动轮转速急速下降，甚至停转，带传动失效，这种现象称为打滑。打滑对其他机件有过载保护作用，但应尽快采取措施克服，以免带磨损发热使带损坏。

弹性滑动是摩擦型带传动的固有特性，不可避免，但当弹性滑动的滑动弧扩大到整个接触弧段后就发生了打滑，从量变到了质变。

7.4　普通 V 带传动设计计算

7.4.1　带传动的失效形式和计算准则

带传动的主要失效形式有：

（1）带在带轮上打滑，不能传递运动和动力；

（2）带由于疲劳产生脱层、撕裂和拉断；

（3）带的工作面磨损。

带传动设计计算准则为：保证带传动不打滑的条件下，具有一定的疲劳强度和寿命。

7.4.2　单根 V 带的基本额定功率

单根普通 V 带在试验条件所能传递的功率，称为基本额定功率，用 P_1 表示，其值见表7.4。

表 7.4　单根 V 带的额定功率 P_1 和额定功率增量 ΔP_1（摘自 GB/T 13575.1—2008）

型号	小带轮转速 n/（r/min）	小带轮基准直径 d_{d1}/mm								传动比 i					
		75	90	100	112	125	140	160	180	1.13~1.18	1.19~1.24	1.25~1.34	1.35~1.51	1.52~1.99	≥2.00
		单根V带的额定功率 P_1/kW								额定功率增量 ΔP_1/kW					
A	700	0.40	0.61	0.74	0.90	1.07	1.26	1.51	1.76	0.04	0.05	0.06	0.07	0.08	0.09
	800	0.45	0.68	0.83	1.00	1.19	1.41	1.69	1.97	0.04	0.05	0.06	0.08	0.09	0.10
	950	0.51	0.77	0.95	1.15	1.37	1.62	1.95	2.27	0.05	0.06	0.07	0.08	0.10	0.11
	1 200	0.60	0.93	1.14	1.39	1.66	1.96	2.36	2.74	0.07	0.08	0.10	0.11	0.13	0.15
	1 450	0.68	1.07	1.32	1.61	1.92	2.28	2.73	3.16	0.08	0.09	0.11	0.13	0.15	0.17
	1 600	0.73	1.15	1.42	1.74	2.07	2.45	2.94	3.40	0.09	0.11	0.13	0.15	0.17	0.19
	2 000	0.84	1.34	1.66	2.04	2.44	2.87	3.42	3.93	0.11	0.13	0.16	0.19	0.22	0.24
	2 400	0.92	1.50	1.87	2.30	2.74	3.22	3.80	4.32	0.13	0.16	0.19	0.23	0.26	0.29

型号	小带轮转速 n/(r/min)	小带轮基准直径 d_{d1}/mm								传动比 i					
		125	140	160	180	200	224	250	280	1.13~1.18	1.19~1.24	1.25~1.34	1.35~1.51	1.52~1.99	≥2.00
		单根 V 带的额定功率 P_1/kW								额定功率增量 ΔP_1/kW					
B	400	0.84	1.05	1.32	1.59	1.85	2.17	2.50	2.89	0.06	0.07	0.08	0.10	0.11	0.13
	700	0.30	1.64	2.09	2.53	2.96	3.47	4.00	4.61	0.10	0.12	0.15	0.17	0.20	0.22
	800	1.44	1.82	2.32	2.81	3.30	3.86	4.46	5.13	0.11	0.14	0.17	0.20	0.23	0.25
	950	1.64	2.08	2.66	3.22	3.77	4.42	5.10	5.85	0.13	0.17	0.20	0.23	0.26	0.30
	1 200	1.93	2.47	3.17	3.85	4.50	5.26	6.04	6.90	0.17	0.21	0.25	0.30	0.34	0.38
	1 450	2.19	2.82	3.62	4.39	5.13	5.97	6.82	7.76	0.20	0.25	0.31	0.36	0.40	0.46
	1 600	2.33	3.00	3.86	4.68	5.64	6.33	7.02	8.13	0.23	0.28	0.34	0.39	0.45	0.51

型号	小带轮转速 n/(r/min)	小带轮基准直径 d_{d1}/mm								传动比 i					
		200	224	250	280	315	355	400	450	1.13~1.18	1.19~1.24	1.25~1.34	1.35~1.51	1.52~1.99	≥2.00
		单根 V 带的额定功率 P_1/kW								额定功率增量 ΔP_1/kW					
C	500	2.87	3.58	4.33	5.19	6.17	7.27	8.52	9.81	0.20	0.24	0.29	0.34	0.39	0.44
	600	3.30	4.12	5.00	6.00	7.14	8.45	9.82	11.29	0.24	0.29	0.35	0.41	0.47	0.53
	700	3.69	4.64	5.64	6.76	8.09	9.50	11.02	12.63	0.27	0.34	0.41	0.48	0.55	0.62
	800	4.07	5.12	6.23	7.52	8.92	10.46	12.10	13.80	0.31	0.39	0.47	0.55	0.63	0.71
	950	4.58	5.78	7.04	8.49	10.05	11.73	13.48	15.23	0.37	0.47	0.56	0.65	0.74	0.83
	1 200	5.29	6.71	8.21	9.81	11.53	13.31	15.04	16.59	0.47	0.59	0.70	0.82	0.94	1.06
	1 450	5.84	7.45	9.04	10.72	12.46	14.12	15.53	16.47	0.58	0.71	0.85	0.99	1.14	1.27

　　单根普通 V 带基本额定功率 P_1 是在特定试验条件（特定的带基准长度 L_d，特定使用寿命，传动比 $i=1$，包角 $\alpha=180°$，载荷平稳）下测得的带所能传递的功率。一般情况下，给定的实际条件与上述试验条件不同，须引入相应的系数进行修正。当 $i \neq 1$ 时，考虑到带绕过大带轮时产生的弯曲应力比绕过小带轮的小，从疲劳观点看，在带具有同样使用寿命条件下，可以传递更大的功率，即加上额定功率增量 ΔP_1（表 7.4）。

　　带传动摩擦力最大值取决于小带轮包角 α_1。当 $\alpha_1 < 180°$ 时，传动能力降低，故引入包角系数 K_α（表 7.5）。

表 7.5　包角系数 K_α

包角 α_1/(°)	180	175	170	165	160	155	150	145	140	135	130	125	120
K_α	1.00	0.99	0.98	0.96	0.95	0.93	0.92	0.91	0.89	0.88	0.86	0.84	0.82

　　带的基准长度越大，绕过带轮的次数越少，即应力循环次数越少，带的疲劳寿命增大，在同样条件下可传递更大的功率，故引入带长修正系数 K_L（表 7.3）。

　　因此，单根普通 V 带所能传递的功率，即许用功率 $[P_1]$ 为：

$$[P_1] = (P_1 + \Delta P_1) K_\alpha K_L \tag{7.12}$$

7.4.3　普通 V 带传动设计计算

1. 设计计算的已知条件

V带传动设计计算前应明确的设计条件有：

（1）传动的用途、工作表现和原动机种类。

（2）传动功率 P（kW），通常是指设备原动机的额定功率或从动机的实际功率。

（3）主、从动轮转速 n_1、n_2（或 n_1 和传动比 i）。

（4）其他要求，如中心距大小，安装位置限制等。

2. 设计应完成的主要内容

（1）V带的型号、长度和根数。

（2）带轮的尺寸、材料和结构。

（3）传动中心距 a。

（4）带作用在轴上的压轴力 F_Q 等。

3. 设计计算步骤

（1）确定设计功率 P_d。

由于不同原动机和工作机载荷性质及工作情况不同，引入工况系数 K_A（表 7.6）对给定传动功率 P 进行修正。设计功率 P_d 为：

$$P_d = K_A P \qquad (7.13)$$

表 7.6　工况系数 K_A

工况		K_A					
		空、轻载启动			重载启动		
载荷性质	工作机	每天工作小时数/h					
		<10	10~16	>16	<10	10~16	>16
载荷变动最小	液体搅拌机、通风机和鼓风机（≤7.5 kW）、离心式水泵、压缩机、轻负荷输送机	1.0	1.1	1.2	1.1	1.2	1.3
载荷变动小	带式输送机（不均匀载荷）、通风机（>7.5 kW）、旋转式水泵和压缩机（非离心式）、发电机、金属切削机床、印刷机、锯木机和木工机械	1.1	1.2	1.3	1.2	1.3	1.4
载荷变动较大	制砖机、斗式提升机、往复式水泵和压缩机、起重机、冲剪机床、橡胶机械、纺织机械、重载输送机	1.2	1.3	1.4	1.4	1.5	1.6
载荷变动很大	破碎机（旋转式、颚式）、磨碎机（球磨、棒磨、管磨）	1.3	1.4	1.5	1.5	1.6	1.8

注：1. 空、轻载启动——电动机（交流启动、三角启动、直流并励）、四缸以上的内燃机。

2. 重载启动——电动机（联机交流启动、直流复励或串励）、四缸以下的内燃机。

3. 在反复启动、正反转频繁等场合，将查出的系数 K_A 乘以1.2。

（2）选择V带的型号。

根据设计功率 P_d 和主动轮转速 n_1，由图 7.12 选择 V 带的型号。

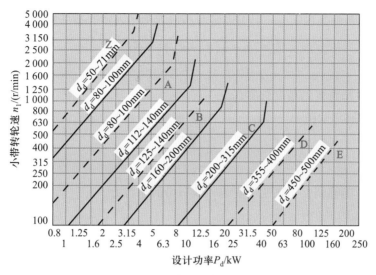

图7.12 普通V带选型图

（3）确定V带轮的基准直径d_{d1}、d_{d2}。

1）确定小带轮的基准直径d_{d1}。为了使带传动结构紧凑，小带轮的基准直径d_{d1}应小些。基准直径d_{d1}越小，带的弯曲应力越大，影响带的寿命。为了避免弯曲应力过大，对V带轮的最小基准直径d_{dmin}加以限制，见表7.7，要求$d_{d1} \geqslant d_{dmin}$。

表7.7 最小基准直径

槽型	Y	Z	A	B	C	D	E	SPZ	SPA	SPB	SPC
d_{dmin}/mm	20	50	75	125	200	355	500	63	90	140	224

2）验算带速v：

$$v = \frac{\pi d_{d1} n_1}{60 \times 1\,000} \tag{7.14}$$

一般取$5\ \text{m/s} \leqslant v \leqslant 25\ \text{m/s}$，如带速超过上述范围，应重选小带轮直径$d_{d1}$。

3）确定大带轮的基准直径d_{d2}。

大带轮基准直径d_{d2}按下式计算：

$$d_{d2} = i d_{d1}(1 - \varepsilon) \tag{7.15}$$

（4）确定中心距a和带的基准长度L_d。

1）初定中心距a_0。中心距a越大，带的长度越大，单位时间内带弯曲疲劳次数减少，带的寿命增大。但中心距a过大，易引起带传动抖动，影响带传动正常进行。中心距a过小又将导致小带轮包角α_1过小，使传动能力下降。

一般初定中心距a_0时取值范围为：

$$0.7(d_{d1} + d_{d2}) < a_0 < 2(d_{d1} + d_{d2}) \tag{7.16}$$

或根据结构而定。

2）确定带的基准长度 L_d。由带传动的几何关系初算带的基准长度 L_{d0}：

$$L_{d0}=2a_0+\frac{\pi}{2}(d_{d1}+d_{d2})+\frac{(d_{d1}-d_{d2})^2}{4a_0} \tag{7.17}$$

L_{d0} 按表 7.3 圆整得到基准长度 L_d。

3）确定实际中心距 a：

$$a\approx a_0+\frac{L_d-L_{d0}}{2} \tag{7.18}$$

中心距 a 要能够调整，以便于安装和调节带的初拉力。

安装时所需的最小中心距：

$$a_{min}=a-0.015L_d$$

张紧或补偿所需最大中心距：

$$a_{max}=a+0.03L_d$$

（5）验算小带轮包角 α_1。

$$\alpha_1=180°-\frac{d_{d2}-d_{d1}}{a}\times57.3° \tag{7.19}$$

一般应使 $\alpha_1\geqslant120°$，若过小，可增大中心距或设张紧轮。

（6）确定 V 带根数 z。

$$z=\frac{P_d}{[P_1]} \tag{7.20}$$

式中，$[P_1]$ 为单根 V 带所能传递的功率，圆整后一般取 $z=3\sim5$。若计算结果超出范围，应重选 V 带型号或加大带轮直径后重新设计。

（7）计算单根 V 带的初拉力 F_0。

$$F_0=500\times\left(\frac{2.5}{K_\alpha}-1\right)\frac{P_d}{zv}+qv^2 \tag{7.21}$$

（8）计算压轴力 F_Q。

为了设计安装带轮的轴和轴承，需确定带传动作用于轴上压轴力 F_Q，不考虑两边的拉力差，可以近似地按初拉力 F_0 的合力计算，如图 7.13 所示。

$$F_Q=2zF_0\cos\left(\frac{\pi}{2}-\frac{\alpha_1}{2}\right)=2zF_0\sin\frac{\alpha_1}{2} \tag{7.22}$$

（9）V 带轮的结构设计。

带轮的结构设计包括：根据带轮的基准直径选择结构形式；根据带的型号确定轮槽尺寸；根据经验公式确定腹板、轮毂等结构尺寸；绘制带轮工作图，并标注技术要求等。

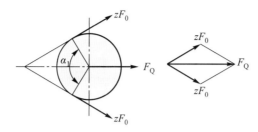

图 7.13 带传动作用于轴上的压轴力

例7.1 试设计某机床用的普通 V 带传动,已知电动机功率 P=5.5 kW,转速 n_1=1 440r/min,传动比 i=1.92,要求两带轮中心距不大于 800 mm,每天工作 16 h。

解 (1)选择 V 带型号。

查表 7.6,取工况系数 K_A=1.2。

由式(7.13)得 P_d=$K_A P$=1.2×5.5 kW=6.6 kW。

根据 P_d 和 n_1 查图 7.12,选 A 型带,查表 7.7,得 d_{dmin}=75 mm。

(2)确定带轮的基准直径 d_{d1}、d_{d2}。

1)小带轮的基准直径 d_{d1}。

由于 n_1-P_d 坐标的交点在图中 A 型带区域内虚线的下方,并靠近虚线,故选取小带轮的基准直径 d_{d1}=112 mm > d_{dmin}=75 mm。

2)验算带的速度 v。

由式(7.14)得:

$$v = \frac{\pi d_{d1} n_1}{60 \times 1\,000} = \frac{\pi \times 112 \times 1\,440}{60 \times 1\,000} \, \text{m}/\text{s} = 8.44 \, \text{m}/\text{s}$$

合适。

3)确定大带轮的基准直径 d_{d2}。

取 ε =0.015,由式(7.15)得:

$$d_{d2} = i d_{d1}(1-\varepsilon) = 1.92 \times 112 \, \text{mm} \times (1-0.015) = 211.81 \, \text{mm}$$

查表 7.2,圆整取标准值 d_{d2}=212 mm。

(3)确定中心距 a 和带的基准长度 L_d。

1)初定中心距 a_0。据题意要求,取 a_0=700 mm。

2)确定带的基准长度 L_d。

由式(7.17)得:

$$L_{d0} = 2a_0 + \frac{\pi}{2}(d_{d1} + d_{d2}) + \frac{(d_{d1} - d_{d2})^2}{4a_0}$$

$$= \left[2 \times 700 + \frac{\pi}{2}(112 + 212) + \frac{(212 - 112)^2}{4 \times 700} \right] \text{mm} = 1\,912.5 \, \text{mm}$$

由表 7.3 取 L_d=1 940 mm(向较大的标准值圆整,对传动有利)。

3）确定中心距 a。

由式（7.18）得：

$$a \approx a_0 + \frac{L_d - L_{d0}}{2} = \left(700 + \frac{1\,940 - 1\,912.5}{2}\right)\text{mm} = 714\text{ mm}$$

安装时所需的最小中心距：

$$a_{\min} = a - 0.015L_d = (714 - 0.015 \times 1\,940)\text{ mm} = 685\text{ mm}$$

张紧或补偿伸长所需的最大中心距：

$$a_{\max} = a + 0.03L_d = (714 + 0.03 \times 1\,940)\text{ mm} = 772\text{ mm}$$

4）验证小带轮包角 α_1。

由式（7.19）得：

$$\alpha_1 = 180° - \frac{d_{d2} - d_{d1}}{a} \times 57.3° = 180° - 57.3° \times \frac{212 - 112}{714} = 172.0° > 120°$$

合适。

（4）确定 V 带的根数 z。

查表 7.4 得：P_1=1.6 kW，$\Delta P_1 = 0.15$ kW；查表 7.5 插值得 K_α=0.985；查表 7.3 得 K_L=1.02；由式（7.20）得：

$$z = \frac{P_d}{[P_1]} = \frac{P_d}{(P_1 + \Delta P_1)K_\alpha K_L} = \frac{6.6}{(1.60 + 0.15) \times 0.985 \times 1.02} = 3.75$$

取 z=4。

（5）计算初拉力 F_0。

查表 7.1 得：A 型带 q=0.10 kg/m，由式（7.21）得：

$$F_0 = 500 \times \frac{(2.5 - K_\alpha)P_d}{K_\alpha z v} + qv^2$$

$$= \left[500 \times \frac{(2.5 - 0.985) \times 6.6}{0.985 \times 4 \times 8.44} + 0.10 \times 8.44^2\right]\text{N} = 157\text{ N}$$

（6）计算带作用在轴上的力 F_Q。

由式（7.22）得：

$$F_Q = 2zF_0 \sin\frac{\alpha_1}{2} = 2 \times 4 \times 157\text{ N} \times \sin\frac{172.0°}{2} = 1\,253\text{ N}$$

（7）带轮结构设计。

小带轮 d_{d1}=112 mm，采用实心轮（结构设计略）；大带轮 d_{d2}=212 mm，采用带孔腹板式 V 带轮。大带轮工作图如图 7.14 所示。

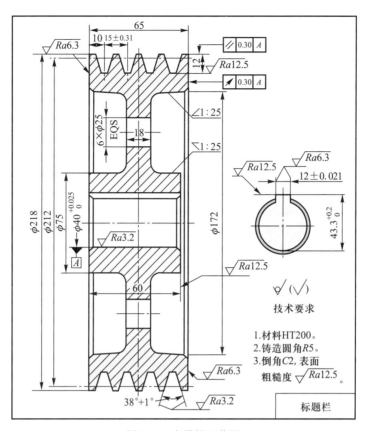

图 7.14 大带轮工作图

7.5 窄 V 带传动

7.5.1 窄 V 带的结构、特点和应用

图 7.15 所示为窄 V 带的截面结构，它由顶胶、抗拉体、底胶和包布组成，其承载层为绳芯结构，楔角为 40°，相对高度 b/h 约为 0.9。

窄 V 带顶面呈弧形，可使带芯受力后保持直线平齐排列，因而各线绳受力均匀；两侧呈凹形，带弯曲后侧面变直，与轮槽能更好贴合，增大了摩擦力；主要承受拉力的强力层位置较高，使带的传力位置向轮缘靠近；压缩层高度加大，使带与带轮的有效接触面积增大，可增大摩擦力和提高传动能力；包布层采用特制柔性包布，使带挠性更好，弯曲应力较小。因此，与普通 V 带传动相比，窄 V 带

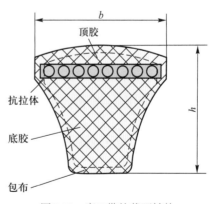

图 7.15 窄 V 带的截面结构

传动具有传动能力更大（比同尺寸普通 V 带传动功率大 50% ~ 150%）、能用于高速传动（$v=35 \sim 45$ m/s）、效率高（达 92% ~ 96%）、结构紧凑、疲劳寿命长等优点。目前，窄 V 带传动已广泛应用于高速、大功率的机械传动装置。

7.5.2　窄 V 带和窄 V 带轮的尺寸

目前，我国应用的窄 V 带和窄 V 带轮采用两种尺寸制：基准宽度制和有效宽度制。在设计计算时，基本原理相同，尺寸计算则有差别。

基准宽度制窄 V 带截面尺寸有 SPZ、SPA、SPB、SPC 四种型号，见表 7.1。基准宽度制窄 V 带轮基准直径见表 7.2，轮缘尺寸见表 7.1，基准长度见表 7.3。

窄 V 带传动的设计过程与普通 V 带传动相同。请参阅有关机械设计手册。

7.6　同步带传动

7.6.1　同步带传动的类型、特点和应用

如图 7.16 所示，同步带传动是一种啮合传动，兼有摩擦型带传动和齿轮传动的特点。同步带传动时无弹性滑动，能保证准确的传动比；传动效率高（达 98%）；传动比较大（$i < 12 \sim 20$）；允许带速高（至 50 m/s）；而且初拉力较小，作用在轴和轴承上的压力小；但制造、安装要求高，价格较贵。

动画
同步带传动

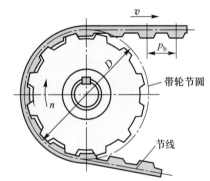

图 7.16　同步带传动

同步带传动主要用于要求传动比准确的中、小功率传动中，如计算机、数控机床、纺织机械等。

7.6.2　同步带和同步带轮

同步带分为单面齿同步带和双面齿同步带。双面齿同步带按齿在带上排列不同，有对称齿（DA 型）和交错齿（DB 型）之分，如图 7.17 所示。

同步带最基本的参数是节距 p_b，它是在规定张紧力下，同步带纵截面上相邻两点对称中心线的直线距离，如图 7.16 所示。

同步带轮的齿形一般推荐采用渐开线，并用与齿轮加工相似的展成法加工，也可采用直边齿形。为了防止同步带从带轮上脱落，带轮侧边应装挡圈，如图 7.18 所示。

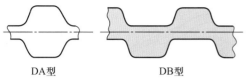

DA型　　　　DB型

图7.17 双面齿同步带

图7.18 同步带轮

7.7 V带传动的安装、张紧和维护

7.7.1 带传动的张紧方法

带的初拉力对其传动能力、寿命和压轴力都有很大影响，适当的初拉力是保证带传动正常工作的重要因素。为使带具有一定的初拉力，新安装的带套在带轮上后需张紧；带运行一段时间后，会产生磨损和塑性变形，使带松弛而初拉力减小，需将带重新张紧。常用的张紧方法如下。

1. 调节中心距

当中心距可调时，可加大中心距使带张紧。调节中心距的张紧装置有以下两类：

（1）定期张紧装置。

定期张紧装置又有移动式和摆动式。图7.19a所示的移动式定期张紧装置在调整时，松开螺母2，旋动调节螺钉1，将电动机沿导轨3向右推动到适当位置，再拧紧螺母2。移动式适用于水平或倾斜不大的场合。对于垂直或接近垂直传动，可用如图7.19b所示的摆动式定期张紧装置，电动机安装在摆架4上，用螺母2来调整摆架位置，顺时针方向旋转摆架，将带张紧。

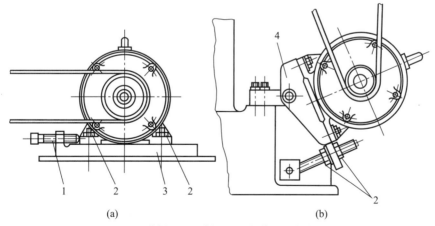

(a)　　　　　　　　　　　(b)

1—调节螺钉；2—螺母；3—导轨；4—摆架

图7.19 定期张紧装置

（2）自动张紧装置。

自动张紧装置如图7.20所示。它利用电动机和摆架的自重使摆架顺时针方向旋转，将带自动张紧。自动张紧方法常用于小功率传动。

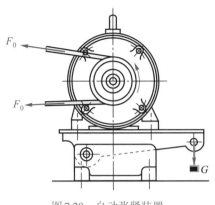

动画
张紧轮张紧
装置

图 7.20　自动张紧装置

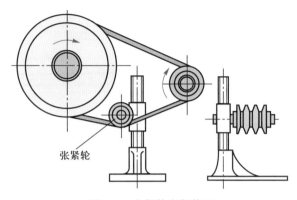

张紧轮

图 7.21　张紧轮张紧装置

2. 采用张紧轮

中心距不可调时，可采用张紧轮张紧装置，如图 7.21 所示。张紧轮一般应布置在松边的内侧并尽可能靠近大带轮，以免过多减小小带轮包角 α_1。

7.7.2　V带传动的安装、使用和维护

1. V 带的安装

（1）两 V 带轮轴线应平行，两带轮相对的 V 形槽的对称面应重合，否则，会加剧带的磨损，甚至脱落。

（2）套装带时不得强行撬入，应将中心距缩小，待 V 带进入轮槽后再张紧。

（3）新旧带不得同组混装使用。一根带损坏，应全部更换。

2. V 带的使用和维护

新带运行 24 ～ 48 h 后应进行一次检查和调整初拉力。为了保证安全，带传动装置应加防护罩。由于 V 带是橡胶制品，应避免阳光直晒，避免与酸、碱、油及有机溶剂等接触。

👓　思考与练习题

7.1　V 带截面楔角 $\alpha=40°$，为什么 V 带轮槽角却有 32°、34°、36°、38°四个值？带轮直径越小，槽角是越大还是越小？为什么？

7.2　平带传动中，带轮的轮面常制成凸弧面，试分析原因。

7.3　试从产生原因、对带传动的影响、能否避免等几个方面说明弹性滑动与打滑的区别。

7.4　为了避免打滑，将 V 带轮槽面加工粗糙些以增大摩擦力，是否可行？为什么？

7.5　带传动通常在传动系统的第一级（减速）或最后一级（升速），很少应用在传动系统的中间级别，为什么？

7.6　试分析小带轮基准直径 d_{d1}、中心距 a 的大小对带传动的影响，分别应如何选择？

7.7　多根V带传动时，若发现一根已坏，应如何处置?

7.8　某机床的电动机与主轴之间采用普通V带传动，已知电动机额定功率 P=7.5 kW，转速 n_1=1 440 r/min，传动比 i=2.1，两班制工作。根据机床结构，带传动的中心距不大于800 mm。试设计此V带传动。

8

链 传 动

链传动是一种用途广泛的机械传动形式，兼有齿轮传动和带传动的特点。链传动种类繁多，本章重点介绍传动用滚子链和链轮的结构及类型，以及链传动的布置、安装和润滑。

8.1 链传动的类型和特点

8.1.1 链传动的类型

如图8.1所示，链传动由两轴平行的主动链轮1、从动链轮2和链条3组成。靠链轮齿和链条链节之间的啮合传递运动和动力。因此，链传动是一种具有中间挠性件的啮合传动。

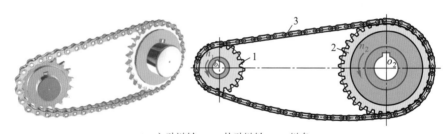

1—主动链轮；2—从动链轮；3—链条

图8.1 链传动

链的种类繁多，按用途不同可分为传动链、起重链和输送链三类。起重链主要用在起重机械中提升重物。输送链主要用在各种输送装置和机械化装卸设备中，用于输送物品。传动链通常应用在一般机械传动装置中，又可分为套筒链、滚子链、弯板链和齿形链等，如图8.2所示。本章重点介绍滚子链。

8.1.2 链传动的特点和应用

链传动兼有带传动和齿轮传动的特点。

链传动的主要优点有：链传动与带传动类似，适用于两轴间距较大的传动；链传动具有啮合传动的性质，即没有弹性滑动和打滑现象，平均传动比恒定；链传动传动力大、效率较高（润滑良好的链传动的效率为97%～98%），经济可靠，又因链条不需要像带那样张得很紧，所以作用在轴上的压轴力较小；同时链传动可在潮湿、高温、多尘等恶劣环境下工作。与齿轮传动相比，链传动易于安装，成本低廉。

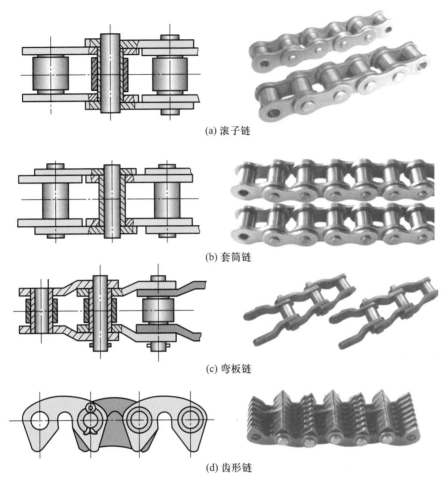

(a) 滚子链

(b) 套筒链

(c) 弯板链

(d) 齿形链

图8.2 传动链的类型

链传动的主要缺点有：由于链节的刚性，链条是以折线形式绕在链轮上的，所以瞬时传动比不稳定，传动的平稳性差，工作中冲击和噪声较大；磨损后链节增大，链条会逐渐拉长而变松弛，易发生跳齿现象，必须使用张紧装置，故通常只用于平行轴间的传动。

链传动主要用在要求工作可靠，且两轴相距较远，以及其他不宜采用齿轮传动的场合。例如：自行车和摩托车上应用链传动，结构简单，工作可靠。链传动还可应用于重型及极为恶劣的工作条件下。例如：建筑机械中的链传动，常受到土块、泥浆及瞬时过载的影响，但仍能很好地工作。

链传动应用较广，一般应用在100 kW以下、传动比$i \leqslant 8$、中心距$a \leqslant 5 \sim 6$ m、链速$\leqslant 15$ m/s的场合。

本章主要讨论传动用短节距精密滚子链及链轮。

8.2　滚子链和链轮

8.2.1　滚子链

1. 滚子链的结构

滚子链的结构如图8.3所示。它由内链板1、外链板2、销轴3、套筒4和滚子5组成。其中两块外链板与销轴之间为过盈配合连接，构成外链节。两块内链板与套筒之间也为过盈配合连接，构成内链节。销轴穿过套筒，将内、外链节交替连接成链条。套筒、销轴之间为间隙配合，因而内外链节可相对转动，使整个链条自由弯曲。滚子与套筒之间也为间隙配合，使链条与链轮啮合时，滚子在链轮表面滚动，形成滚动摩擦，以减轻磨损从而提高传动效率和寿命。

滚子链是标准件，链传动的主要参数是节距p，它是链条相邻两销轴之间的中心距。节距p越大，链的尺寸越大，链条的承载能力越高，传动能力越强。

内、外链板制成"8"字形，如图8.4所示，截面Ⅰ、Ⅱ处强度大致相等，符合等强度设计原则，并减轻了重量和运动惯性。

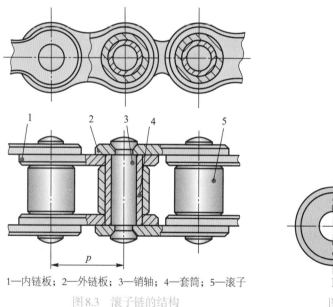

1—内链板；2—外链板；3—销轴；4—套筒；5—滚子

图8.3　滚子链的结构

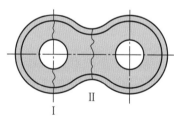

图8.4　链板形状

2. 滚子链的标准规格

GB/T 1243—2006将滚子链主要分为A、B两个系列。对应于链节距不同的链号数，用链号乘以25.4/16所得数值即为节距p值（mm），见表8.1。

滚子链的标记方法为：链号－排数×链节数　标准代号。例如：A系列滚子链，节距为19.05 mm，双排，链节数为100，其标记方法为

$$12A-2×100\quad GB/T\ 1243—2006$$

为了传递更大的功率，在节距不变的条件下，可以采用双排链（图8.5）或多排链。由于各排链受载不均，故多排链的排数不宜过多，p_t为多排链的排距。

表 8.1　滚子链的基本参数和尺寸（摘自 GB/T 1243—2006）

链号	节距	滚子直径	内节内宽	销轴直径	套筒孔径	排距	内节外宽	外节内宽	销轴长度	单排抗拉强度	动载强度
	p	d_{1max}	b_{1min}	d_{2max}	d_{3min}	p_t	b_{2max}	b_{3min}	b_{4max}	F_{umin}	F_{dmin}
	mm									kN	
05B	8.00	5.00	3.00	2.31	2.36	5.64	4.77	4.90	8.6	4.4	0.82
06B	9.525	6.35	5.72	3.28	3.33	10.24	8.53	8.66	13.5	8.9	1.29
08A	12.70	7.92	7.85	9.98	4.00	14.38	11.17	11.23	17.8	13.9	2.48
08B	12.70	8.51	7.75	4.45	4.50	13.92	11.30	11.43	17.0	17.8	2.48
10A	15.875	10.16	9.40	5.09	5.12	18.11	13.84	13.89	21.8	21.8	3.85
10B	15.875	10.16	9.65	5.08	5.13	16.59	13.28	13.41	19.6	22.2	3.33
12A	19.05	11.91	12.57	5.96	5.98	22.78	17.75	17.81	26.9	31.3	5.49
12B	19.05	12.07	11.68	5.72	5.77	19.46	15.62	15.75	22.7	28.9	3.72
16A	25.40	15.88	15.75	7.94	7.96	29.29	22.60	22.66	33.5	55.6	9.55
16B	25.40	15.88	17.02	8.28	8.33	31.88	25.45	25.58	36.1	60.0	9.53
20A	31.75	19.05	18.90	9.54	9.56	35.76	27.45	27.51	41.1	87.0	14.6
20B	31.75	19.05	19.56	10.19	10.24	36.45	29.01	29.14	43.2	95.0	13.5

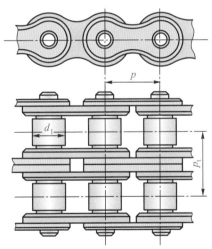

图 8.5　双排链

3. 链节数与滚子链的接头形式（图 8.6）

　　当链节数 L_p 为偶数时，其连接链节形状与外链节相同，只是其中一侧的外链板与销轴为间隙配合，接头处用开口销或弹性锁片固定，一般前者用于大节距，后者用于小节距。当链节数 L_p 为奇数时，需采用过渡链节。过渡链节的链板为了兼作内、外链板，形成弯链板，受力时产生附加弯曲应力，易于变形，导致链的承载能力大约降低20%。因此，链节数应尽量为偶数。

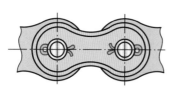

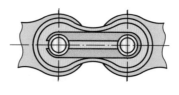

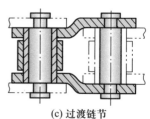

(a) 开口销　　　　　　　　　(b) 弹性锁片　　　　　　　　　(c) 过渡链节

图 8.6　滚子链的接头形式

8.2.2　滚子链链轮

为了保证链与链齿的良好啮合，并提高传动的性能和寿命，应合理设计链轮的齿形、结构及选择合适的链轮材料。

1. 链轮的尺寸参数

若已知节距 p、滚子直径 d_1 和链轮齿数 z，链轮主要尺寸可按表 8.2 计算。

表 8.2　滚子链轮的主要尺寸（GB/T 1243—2006）

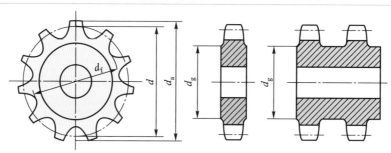

名称	符号	计算公式
分度圆直径	d	$d = \dfrac{p}{\sin\dfrac{180°}{z}}$
齿顶圆直径	d_a	$d_{a\,max} = d + 1.25p - d_1$ $d_{a\,min} = d + p\left(1 - \dfrac{1.6}{z}\right) - d_1$
齿根圆直径	d_f	$d_f = d - d_1$
齿侧凸圆最大直径或排间槽最大直径	d_g	$d_g = p\left(\cot\dfrac{180°}{z} - 1\right) - 0.80\ \text{mm}$

注：d_g 取整数值。

2. 链轮的结构

如图 8.7 所示，小直径链轮可采用实心式，中等尺寸链轮可制成孔板式。如图 8.8 所示，大直径链轮可采用组合式结构，其齿圈与轮毂连接方式可采用焊接式（图 8.8a）或螺栓连接式（图 8.8b）。

图 8.7　链轮的结构

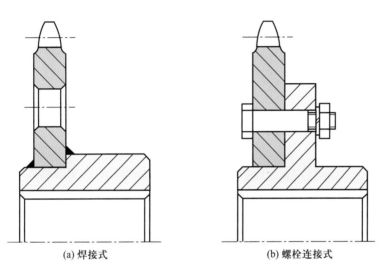

(a) 焊接式　　　　　　　　　　(b) 螺栓连接式

图 8.8　大直径链轮的结构

　　链条的每一个链节都会影响链传动的正常运转。如果把一个团队比喻成一个链条，那么每个团队成员就是链条中的一个链节。团队中的每位成员都要具有团队意识，顾全大局，勇于担当，不在关键时刻"掉链子"。

8.3　链传动的失效形式、布置、张紧和润滑

8.3.1　链传动的主要失效形式

1. 链条疲劳破坏

　　链传动时，由于链条在松边和紧边所受的拉力不同，链条工作在交变拉应力状态。经过一定的应力循环次数后，链条元件由于疲劳强度不足而破坏，链板将发生疲劳断裂，或套筒、滚子表面出现疲劳点蚀。在润滑良好的链传动时，疲劳强度是决定链传动能力的主要因素。

2. 链条的磨损

　　链传动时，销轴与套筒的压力较大，彼此又产生相对转动，因而导致铰链磨损，使链的实际节距变长，如图 8.9 所示。铰链磨损后，由于实际节距的增长主要出现在外链节，内链节的实际节距几乎不受磨损影响而保持不变，因而增加了各链节的实际节距的

不均匀性，使传动更不平稳。链的实际节距磨损到一定程度时，链条与轮齿的啮合情况变坏，会发生爬高和跳齿现象。磨损是润滑不良的开式链传动的主要失效形式，会造成链传动寿命降低。

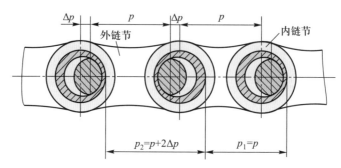

图 8.9　链条磨损后的实际节距

3. 链条的胶合

在高速重载时，销轴与套筒接触表面间难以形成润滑油膜，金属直接接触导致胶合，限制了链传动的极限转速。

4. 链条冲击破断

对于张紧不好的链传动，在反复起动、制动或反转时所产生的巨大冲击，将会使销轴、套筒、滚子等元件产生冲击破断。

5. 链条的过载拉断

低速（$v < 0.6$ m/s）重载的链传动在过载时，因静强度不足而被拉断。

8.3.2　链传动的布置

传动装置最好水平布置，如图 8.10a 所示。当必须倾斜布置时，中心连线与水平面夹角应小于 45°，如图 8.10b 所示。

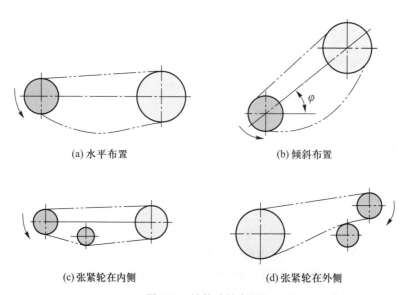

(a) 水平布置　　　　　　　　　　　　(b) 倾斜布置

(c) 张紧轮在内侧　　　　　　　　　　(d) 张紧轮在外侧

图 8.10　链传动的布置

链传动工作时，松边在下，紧边在上，可以顺利地啮合。若松边在上，会由于垂度增大，链条与链轮齿相干扰，破坏正常啮合，或者引起松边与紧边相碰。如果松边垂度太大，需采用张紧装置。

应尽量避免垂直传动。两轮轴线在同一铅垂面内时，链条因磨损而垂度增大，使与下链轮啮合的链节数减少而松脱。若必须采用垂直传动，可考虑采取以下措施：① 使中心距可调；② 设张紧装置；③ 使上下两轮错开，使两轮轴线不在同一铅垂面内，如图8.11所示。

8.3.3 链传动的安装

为了保证链传动良好的啮合，两链轮轴线应平行，使链轮在同一铅垂平面内旋转。安装时应使两轮中心平面轴向位置误差 $\Delta e \leqslant 0.002a$（$a$ 为中心距），两轮旋转平面间夹角 $\Delta\theta \leqslant 0.006$ rad，如图8.12所示。若误差过大，易导致脱链和增加磨损。

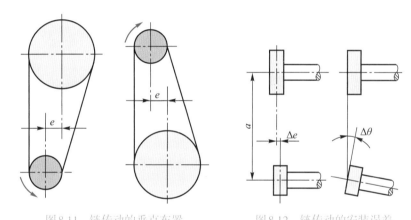

图8.11　链传动的垂直布置　　　　图8.12　链传动的安装误差

8.3.4 链传动的张紧

链传动正常工作时，应保持一定的张紧程度。链传动的张紧程度，可用测量松边垂度的方法来衡量，松边垂度可近似认为是两轮公切线与松边最远点的距离。合适的松边垂度推荐为 $f=(0.01 \sim 0.02)a$，a 为中心距。对于重载及经常起动、制动、反转的链传动，以及接近垂直的链传动，松边垂度应适当减小。

链传动的张紧可采用以下方法：

（1）调整中心距。增大中心距可使链张紧，对于滚子链传动，其中心距调整量可取为 $2p$（p 为链条节距）。

（2）缩短链长。当链传动没有张紧装置而中心距又不可调整时，可采用缩短链长（即拆去链节）的方法对因磨损而伸长的链条重新张紧。

（3）用张紧轮张紧。下述情况应考虑增设张紧装置（图8.10c、d）：两轴中心距较大；两轴中心距过小，松边在上面；两轴接近垂直布置；需要严格控制张紧力；多链轮传动或反向传动；要求减小冲击，避免共振；需要增大链轮包角等。张紧轮布置在松边接近小轮处，张紧轮可以制成链齿形，也可以制成无齿的滚轮等，如图8.13所示。

(a) 弹簧力自动张紧

(b) 托架定期张紧

(c) 张紧轮定期张紧

图8.13 链传动张紧

8.3.5 链传动的润滑

良好的润滑可以减少链传动的磨损，提高工作能力，延长使用寿命。

链传动采用的润滑方式有以下几种。

1. 人工定期润滑

用油壶或油刷，每班注油一次。适用于低速（$v \leqslant 4$ m/s）的不重要链传动。

2. 滴油润滑

用油杯通过油管滴入松边内、外链板间隙处，每分钟 5 ～ 20 滴。适用于 $v \leqslant 10$ m/s 的链传动。

3. 油浴润滑

将松边链条浸入油盘中，浸油深度为 6 ～ 12 mm，适用于 $v \leqslant 12$ m/s 的链传动。

4. 飞溅润滑

在密封容器中，甩油盘将油甩起，沿壳体流入集油处，然后引导至链条上。但甩油盘线速度应大于 3 m/s。

5. 压力润滑

当采用 $v \geqslant 8$ m/s 的大功率传动时，应采用特设的液压泵将油喷射至链轮链条啮合处。

8.1 将链传动与带传动在如下方面进行分析比较：传动原理、应用特点、运动特性、初拉力、张紧装置、松紧边位置等。

8.2 为什么链条节数常取偶数，而链轮齿数取为奇数？

8.3 分析图8.14所示自行车的变速原理和链条张紧方法。

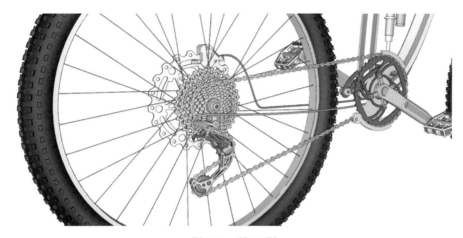

图8.14 题8.3图

9

齿 轮 传 动

　　齿轮是一个有齿构件，它与另一个有齿构件通过其共轭齿廓面的相继啮合，从而传递或接受运动。齿轮副（齿轮传动）是可围绕其轴线转动的两齿轮组成的机构，其轴线的相对位置是固定的，通过轮齿的相继接触作用由一个齿轮带动另外一个齿轮转动。

　　本章将介绍渐开线圆柱直齿、斜齿及直齿锥齿轮传动的特点和设计计算，包括渐开线的特性、啮合特性、啮合传动、齿轮材料的选择、失效形式、设计准则等。同时简要介绍变位齿轮传动和其他齿轮传动形式。

9.1　齿轮传动的分类及特点

AR
外啮合直齿
轮传动

　　齿轮传动用来传递任意两轴之间的运动和动力，其圆周速度可达 300 m/s，传递功率可达 10^5 kW，是现代机械中应用最为广泛的一种机械传动。齿轮传动的主要优点是：① 瞬时传动比恒定不变；② 机械效率高；③ 寿命长，工作可靠性高；④ 结构紧凑，适用的圆周速度和功率范围较广等。其主要缺点是：① 要求较高的制造和安装精度，成本较高；② 低精度齿轮在传动时会产生噪声和振动；③ 不适用于远距离两轴之间的传动。

　　齿轮传动按照两轮轴线的相对位置和齿向分类如下：

AR
内啮合直齿
轮传动

AR
直齿齿轮齿
条传动

AR
外啮合斜齿
轮传动

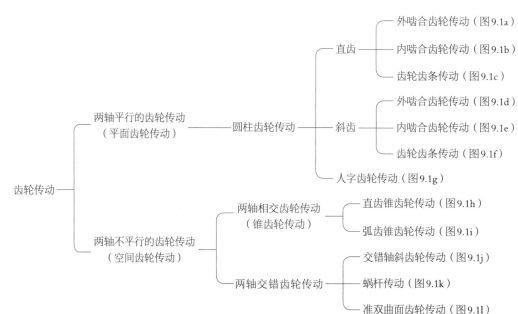

按照轮齿齿廓曲线的不同又可为渐开线齿轮（图9.1a）、圆弧齿轮（图9.2）等。本章主要讨论制造安装方便、应用最为广泛的渐开线齿轮。

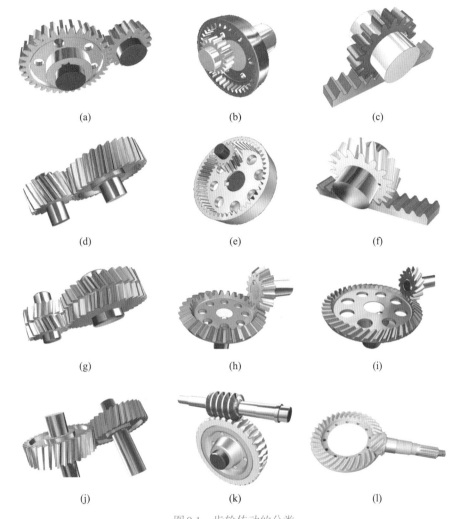

(a)　　　(b)　　　(c)

(d)　　　(e)　　　(f)

(g)　　　(h)　　　(i)

(j)　　　(k)　　　(l)

图9.1　齿轮传动的分类

按照一对齿轮传动的角速比是否恒定，可将齿轮传动分为非圆齿轮传动（图9.3）（角速比变化）和圆形齿轮传动（角速比恒定）。

图9.2　圆弧齿轮传动

图9.3　非圆齿轮传动

AR 内啮合斜齿轮传动

AR 斜齿齿轮齿条传动

AR 人字齿轮传动

AR 直齿锥齿轮传动

AR 弧齿锥齿轮传动

AR 交错轴斜齿轮传动

AR 蜗杆传动

按照工作条件的不同，齿轮传动又可分为开式齿轮传动和闭式齿轮传动。前者轮齿外露，灰尘易落在齿面，后者轮齿封闭在箱体内。

9.2　齿廓啮合的基本定律

齿轮传动的最基本要求之一是瞬时传动比（角速度之比）恒定不变，否则主动齿轮以等角速度回转时，从动齿轮的角速度将为变量，因而产生惯性力，进而会引起机器的振动和噪声，影响齿轮的寿命。齿廓啮合基本定律就是讨论齿廓曲线与齿轮传动比的关系。

如图 9.4 所示，一对相互啮合的齿廓 E_1、E_2 在 K 点接触，设主动齿轮 1 以角速度 ω_1 绕轴线 O_1 顺时针方向转动，齿轮 2 受齿轮 1 的推动，以角速度 ω_2 绕轴线 O_2 逆时针方向转动。则齿廓 E_1 和 E_2 上 K 点的线速度分别为 v_{K1}、v_{K2}。

$$v_{K1} = \omega_1 \cdot O_1K$$

$$v_{K2} = \omega_2 \cdot O_2K$$

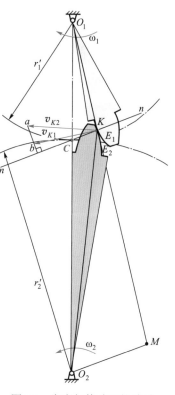

过 K 点作两齿廓的公法线 nn 与两齿轮的连心线 O_1O_2 相交于 C 点，则 v_{K1} 和 v_{K2} 在 nn 方向上的分量应相等。

过 O_2 作 $O_2M /\!/ nn$，与 O_1K 的延长线相交于 M 点，因速度三角形 $\triangle Kab$ 与 $\triangle KO_2M$ 的对应边相互垂直，故 $\triangle Kab \backsim \triangle KO_2M$，于是

$$\frac{KM}{O_2K} = \frac{Kb}{Ka} = \frac{v_{K1}}{v_{K2}} = \frac{\omega_1 \cdot O_1K}{\omega_2 \cdot O_2K}$$

图 9.4　齿廓与传动比的关系

即

$$\frac{\omega_1}{\omega_2} = \frac{KM}{O_1K}$$

又因 $\triangle O_1O_2M \backsim \triangle O_1CK$，故 $KM/O_1K = O_2C/O_1C$，由此可得

$$i_{12} = \frac{\omega_1}{\omega_2} = \frac{O_2C}{O_1C} \tag{9.1}$$

由式（9.1）可知，欲使传动比 i_{12} 保持恒定不变，则比值 O_2C/O_1C 应恒为常数。因 O_1、O_2 为两齿轮的固定轴心，在传动过程中位置不变，故其连心线 O_1O_2 为定长。因此，欲使 O_2C/O_1C 为常数，则两齿轮在啮合传动过程中 C 点必须为一定点。由此可知，保证齿轮机构传动比不变的齿廓形状所必须满足的条件为：不论两齿廓在任何位置接触，过齿廓接触点所作的两齿廓的公法线都必须与两轮的连心线交于一定点。这一规律称为齿廓啮合基本定律。

定点 C 称为节点，以两齿轮的轴心 O_1、O_2 为圆心，过节点 C 所作的两个相切的圆称为该对齿轮的节圆，以 r_1'、r_2' 分别表示两节圆半径。

由式（9.1）可得，$i_{12}=\dfrac{\omega_1}{\omega_2}=\dfrac{O_2C}{O_1C}=\dfrac{r_2'}{r_1'}$，$\omega_1 r_1'=\omega_2 r_2'$，即两齿轮节圆的圆周速度相等。
因此可知，一对齿轮传动可视为两齿轮节圆做纯滚动，其传动比等于两齿轮节圆半径的反比。

凡能满足齿廓啮合基本定律的一对齿廓，称为共轭齿廓。在理论上可作为一对齿轮共轭齿廓的曲线有无穷多。但在生产实际中，齿廓曲线除满足齿廓啮合基本定律外，还要考虑到制造、安装和强度等要求。常用的齿廓有渐开线、摆线和圆弧等。一般机器常用渐开线齿轮，高速重载的机器宜用圆弧齿轮，摆线齿轮多用于各种仪表。

9.3 渐开线齿廓

9.3.1 渐开线的形成

如图 9.5a 所示，一条直线 nn 沿一个半径为 r_b 的圆周做纯滚动，该直线上任一点 K 的轨迹 AK 称为该圆的渐开线，这个圆称为基圆，该直线称为渐开线的发生线。渐开线上任一点 K 的向径 r_K 与起始点 A 的向径间的夹角 $\angle AOK$（$\angle AOK=\theta_K$）称为渐开线（AK 段）的展角。

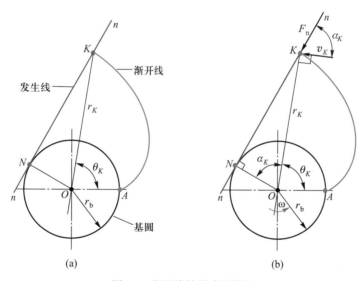

图 9.5 渐开线的形成及特性

动画
渐开线的形成

动画
渐开线的性质 1、2

9.3.2 渐开线的性质

根据渐开线的形成，可知渐开线具有如下性质：

（1）发生线在基圆上滚过的长度等于基圆上被滚过的弧长，即 $NK=\overset{\frown}{NA}$。

（2）因为发生线在基圆上做纯滚动，所以它与基圆的切点 N 就是渐开线上 K 点的瞬时速度中心，发生线 NK 就是渐开线在 K 点的法线，同时它也是基圆在 N 点的切线。

（3）切点 N 是渐开线上 K 点的曲率中心，NK 是渐开线上 K 点的曲率半径。离基圆越近，曲率半径越小，如图 9.6 所示。

（4）渐开线的形状取决于基圆的大小。如图9.7所示，基圆越大，渐开线越平直，当基圆半径无穷大时，渐开线为直线。

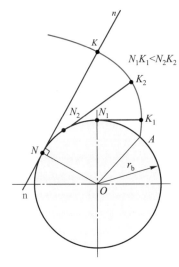 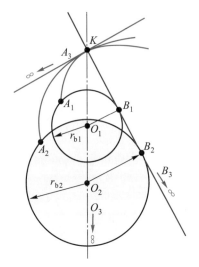

图9.6　渐开线的特性　　　　　　图9.7　渐开线的现状与基圆大小的关系

（5）基圆内无渐开线。

9.3.3　渐开线方程

如图9.5b所示，渐开线上任一点K的位置可用向径r_K和展角$\angle AOK$来表示。若以此渐开线作为齿轮的齿廓，当两齿轮在K点啮合时，其正压力方向沿着K点的法线（NK）方向，而齿廓上K点的速度垂直于OK线。K点的受力方向与速度方向之间所夹的锐角称为压力角α_K，由图可知$\angle NOK=\alpha_K$。在$\triangle NOK$中

$$\tan \alpha_K = \frac{NK}{ON} = \frac{\widehat{NA}}{ON} = \frac{r_b(\alpha_K+\theta_K)}{r_b} = \alpha_K+\theta_K$$

即
$$\theta_K = \tan \alpha_K - \alpha_K$$

又在$\triangle NOK$中

$$r_K = r_b/\cos \alpha_K$$

联立上两式可得渐开线的极坐标方程为

$$\left.\begin{array}{l} r_K = r_b/\cos \alpha_K \\ \theta_K = \tan \alpha_K - \alpha_K \end{array}\right\} \tag{9.2}$$

上式表明，θ_K随压力角α_K而改变，称θ_K为压力角α_K的渐开线函数，记作$\mathrm{inv}\,\alpha_K$，即

$\theta_K = $inv $\alpha_K = \tan \alpha_K - \alpha_K$，$\theta_K$以弧度（rad）度量。工程上已将不同压力角的渐开线函数inv α_K的值列成表格（表9.1）以备查用。

表9.1　渐开线函数表（inv $\alpha_K = \tan \alpha_K - \alpha_K$）节录　　　　　　　rad

$\alpha_K/(°)$		0′	5′	10′	15′	20′	25′	30′	35′	40′	45′	50′	55′
10	0.00	17 941	18 317	18 860	19 332	19 812	20 299	20 795	31 299	21 810	22 330	22 859	23 396
11	0.00	23 941	24 495	25 057	25 628	26 208	26 797	27 394	28 001	28 616	29 241	29 875	30 518
12	0.00	31 171	31 832	32 504	33 185	33 875	34 575	35 285	36 005	36 735	37 474	38 224	38 984
13	0.00	39 754	40 534	41 325	42 126	42 938	43 760	44 593	45 437	46 291	47 157	48 033	48 921
14	0.00	49 819	50 729	51 650	52 582	53 526	54 482	55 448	56 427	57 417	58 420	59 434	60 460
15	0.00	61 498	62 548	63 611	64 686	65 773	66 873	67 985	69 110	70 248	71 398	72 561	73 738
16	0.0	07 493	07 613	07 735	07 857	07 982	08 107	08 234	08 362	08 492	08 623	08 756	08 889
17	0.0	09 025	09 161	09 299	09 439	09 580	09 722	09 866	10 012	10 158	10 307	10 456	10 608
18	0.0	10 760	10 915	11 071	11 228	11 387	11 547	11 709	11 873	12 038	12 205	12 373	12 543
19	0.0	12 715	12 888	13 063	13 240	13 418	13 598	13 779	13 963	14 148	14 334	14 523	14 713
20	0.0	14 904	15 098	15 293	15 490	15 689	15 890	16 092	16 296	16 502	16 710	16 920	17 132
21	0.0	17 345	17 560	17 777	17 996	18 217	18 440	18 665	18 891	19 120	19 350	19 583	19 817
22	0.0	20 054	20 292	20 533	20 775	21 019	21 266	21 514	21 765	22 018	22 272	22 529	22 788
23	0.0	23 049	23 312	23 577	23 845	24 114	24 386	24 660	24 936	25 214	25 495	25 777	26 062
24	0.0	26 350	26 639	26 931	27 225	27 521	27 820	28 121	28 424	28 729	29 037	29 348	29 660
25	0.0	29 975	30 293	30 613	30 935	31 260	31 587	31 917	32 249	32 583	32 920	33 260	33 602
26	0.0	33 947	34 294	34 644	34 997	35 352	35 709	36 069	36 432	36 798	37 166	37 537	37 910
27	0.0	38 287	38 666	39 047	39 432	39 819	40 209	42 602	40 997	41 395	41 797	42 201	42 607
28	0.0	43 017	43 430	43 845	44 264	44 685	45 110	45 537	45 967	46 400	46 837	47 276	47 718
29	0.0	48 164	48 612	49 064	49 518	49 976	50 437	50 901	51 368	51 838	52 312	52 788	53 268
30	0.0	53 751	54 238	54 728	55 221	55 717	56 217	56 720	57 226	57 736	58 249	58 765	59 285

例9.1　已知渐开线基圆半径$r_b = 187.94$ mm，求渐开线在向径$r_K = 200$ mm K点处的压力角α_K、曲率半径NK及展角θ_K。

解　参照图9.5，由式（9.2）可推得

$$\alpha_K = \arccos \frac{r_b}{r_K} = \arccos \frac{187.94}{200} = \arccos 0.939\ 7 = 20°$$

$$NK = r_K \sin \alpha_K = 200 \text{ mm} \cdot \sin 20° = 68.40 \text{ mm}$$

由 $\alpha_K=20°$，查表9.1得 $\theta_K=0.014\ 904$ rad。

9.4　渐开线齿轮的基本参数及标准直齿轮的尺寸计算

9.4.1　渐开线齿轮各部分名称、参数及几何尺寸计算

图9.8所示为一标准直齿轮的一部分。

（1）齿数：在齿轮整个圆周上轮齿的数目称为该齿轮的齿数，用 z 表示。

（2）齿顶圆：包含齿轮所有齿顶端的圆称为齿顶圆，用 r_a 和 d_a 分别表示其半径和直径。

（3）齿槽宽：齿轮相邻两齿之间的空间称为齿槽；在任意圆周 r_K 上所量得齿槽的弧长称为该圆周上的齿槽宽，以 e_K 表示。

（4）齿厚：沿任意圆周 r_K 上，于同一轮齿两侧齿廓上所量得的弧长称为该圆周上的齿厚，以 s_K 表示。

（5）齿根圆：包含齿轮所有齿槽底的圆称为齿根圆，用 r_f 和 d_f 分别表示其半径和直径。

（6）齿距：沿任意圆周上所量得相邻两齿同侧齿廓之间的弧长为该圆周上的齿距，以 p_K 表示。由图9.8可知，在同一圆周上的齿距等于齿厚与齿槽宽之和。即

$$p_K=s_K+e_K$$

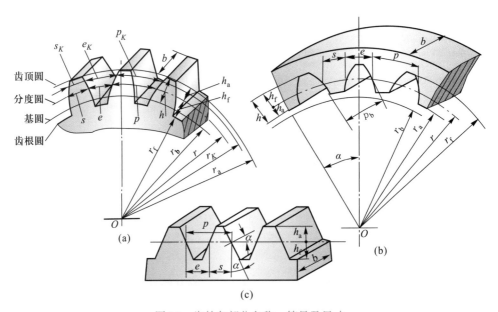

图9.8　齿轮各部分名称、符号及尺寸

（7）分度圆和模数：在齿顶圆和齿根圆之间，规定一直径为 d 的圆，作为计算齿轮各部分尺寸的基准，并把这个圆称为分度圆。在分度圆上的齿厚、齿槽宽和齿距，通称为齿厚、齿槽宽和齿距，分别用 s、e 和 p 表示，且 $p=s+e$。分度圆的大小是由齿距和齿

数决定的，因分度圆的周长$d\pi=pz$，于是得$d=pz/\pi$。式中，π是无理数，故将p/π的比值制定成一个简单的有理数列，以利计算，并把这个比值称为模数，以m表示，即$m=p/\pi$。模数m是齿轮尺寸计算中重要的参数，其单位是mm。模数m越大，则轮齿的尺寸越大，轮齿所能承受的载荷也越大。

齿轮的模数在我国已经标准化，表9.2所列为标准模数系列。

表 9.2　标准模数系列（摘自 GB/T1357—2008）　　　　　　　　　　　mm

第一系列	1	1.25	1.5	2	2.5	3	4	5	6	8	10	12	16	20	25	32	40	50
第二系列	1.125	1.375	1.75	2.25	2.75	3.5	4.5	5.5	(6.5)	7	9	11	14	18	22	28	35	45

注：1. 本表适用于渐开线圆柱齿轮。对斜齿轮，是指法向模数m_n。
　　2. 选用模数时，应优先采用第一系列，其次是第二系列，括号内的模数尽可能不用。

（8）压力角：渐开线齿廓在不同的圆周上有不同的压力角。通常所说的齿轮压力角，是指分度圆上的压力角，以α表示，并规定分度圆上压力角为标准值，我国取$\alpha=20°$。由渐开线参数方程可推知

$$\cos\alpha=\frac{r_b}{r} \tag{9.3}$$

由此可见，分度圆是齿轮上具有标准模数和标准压力角的圆。当齿轮的模数m和齿数z确定时，其分度圆即为一定值。

（9）齿顶高、齿根高和全齿高：如图9.8a所示，轮齿被分度圆分为两部分，分度圆和齿顶圆之间的部分称为齿顶，其径向高度称为齿顶高，以h_a表示。位于分度圆和齿根圆之间的部分称为齿根，其径向高度称为齿根高，以h_f表示。轮齿在齿顶圆和齿根圆之间的径向高度称为全齿高，以h表示。

9.4.2　渐开线标准直齿轮的基本尺寸及几何尺寸计算

标准直齿轮的基本参数有5个：z、m、α、h_a^*、c^*，其中h_a^*称为齿顶高系数，c^*称为顶隙系数。我国规定的标准值为$h_a^*=1$，$c^*=0.25$。标准直齿轮的所有尺寸均可用上述5个参数来表示，都与模数成一定的比例关系，齿数相同的齿轮，模数大，其尺寸也大，如图9.9所示。标准直齿轮主要几何尺寸的计算公式见表9.3。

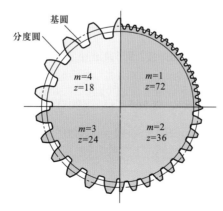

图9.9　齿轮尺寸与模数的关系

动画
齿轮尺寸与
模数的关系

表 9.3　标准直齿轮主要几何尺寸的计算公式

序号	名称	符号	计算公式
1	齿顶高	h_a	$h_a = h_a^* m$
2	齿根高	h_f	$h_f = (h_a^* + c^*) m$
3	全齿高	h	$h = h_a + h_f = (2h_a^* + c^*)m$
4	顶隙	c	$c = c^* m$
5	分度圆直径	d	$d = mz$
6	基圆直径	d_b	$d_b = mz\cos\alpha$
7	齿顶圆直径	d_a	$d_a = d \pm 2h_a = m(z \pm 2h_a^*)$
8	齿根圆直径	d_f	$d_f = d \mp 2h_f = m(z \mp 2h_a^* \mp 2c^*)$
9	齿距	p	$p = \pi m$
10	基圆齿距	p_b	$p_b = p\cos\alpha = \pi m\cos\alpha$
11	齿厚	s	$s = p/2 = \pi m/2$
12	齿槽宽	e	$e = p/2 = \pi m/2$
13	标准中心距	a	$a = (d_2 \pm d_1)/2 = (z_2 \pm z_1)m/2$

注：表中正负号处，上面符号用于外齿轮，下面符号用于内齿轮。

如果一个齿轮的 m、α、h_a^*、c^* 均为标准值，并且分度圆上 $s=e$，则该齿轮称为标准齿轮。

9.4.3　内齿轮与齿条

图9.8b所示为直齿内齿轮，它的轮齿分布在齿圈的内表面上。其齿廓形状有如下特点：① 其齿厚相当于外齿轮的齿槽宽，而齿槽宽相当于外齿轮的齿厚，内齿轮的齿廓是内凹的渐开线；② 内齿轮的齿顶圆在分度圆之内，而齿根圆在分度圆之外，其齿根圆比齿顶圆大；③ 齿轮的齿廓均为渐开线时，其齿顶圆必须大于基圆。

图9.8c所示为直齿齿条。当外齿轮的齿数增加到无穷大时，齿轮上的基圆和其他圆都变成相互平行的直线，渐开线齿廓变成了直线齿廓。这种齿轮的一部分就是齿条。齿条不论在分度线上或与其平行的直线上，齿距 p 均相等，齿廓上各点的压力角均为标准值20°。其中，齿厚与齿槽宽相等且与齿顶平行的直线称为中线。

例9.2　一对标准渐开线齿轮，$z_1=20$，$z_2=60$，$m=4$ mm，试求两齿轮的齿距 p_1、p_2，基圆齿距 p_{b1}、p_{b2}，基圆半径 r_{b1}、r_{b2}，齿顶圆直径 d_{a1}、d_{a2}，齿根圆直径 d_{f1}、d_{f2}。

解　根据渐开线标准直齿轮的几何关系公式，可计算如下：

（1）齿距。

$$p_1 = \pi m = (3.141\ 6 \times 4)\ \text{mm} = 12.566\ 4\ \text{mm}$$

$$p_2 = \pi m = (3.141\ 6 \times 4)\ \text{mm} = 12.566\ 4\ \text{mm}$$

（2）基圆齿距。

$$p_{b1} = p_1\cos\alpha = \pi m\cos\alpha = (12.566\ 4 \times \cos 20°)\ \text{mm} = 11.808\ 6\ \text{mm}$$

$$p_{b2} = p_2\cos\alpha = \pi m\cos\alpha = (12.566\ 4 \times \cos 20°)\ \text{mm} = 11.808\ 6\ \text{mm}$$

（3）基圆半径。

$$r_{b1} = r_1\cos\alpha = (mz_1/2)\cos\alpha = [4 \times 20/2)\cos 20°]\ \text{mm} = 37.587\ 7\ \text{mm}$$

$$r_{b2} = r_2 \cos \alpha = (mz_2 / 2)\cos \alpha = \left[(4 \times 60 / 2)\cos 20° \right] \text{mm} = 112.763\ 1\ \text{mm}$$

（4）齿顶圆直径。

$$d_{a1} = d_1 + 2h_a^* m = mz_1 + 2h_a^* m = (4 \times 20 + 2 \times 1 \times 4)\,\text{mm} = 88\ \text{mm}$$

$$d_{a2} = d_2 + 2h_a^* m = mz_2 + 2h_a^* m = (4 \times 60 + 2 \times 1 \times 4)\,\text{mm} = 248\ \text{mm}$$

（5）齿根圆直径。

$$d_{f1} = d_1 - 2(h_a^* + c^*)m = mz_1 - 2(h_a^* + c^*)m = (4 \times 20 - 2 \times 1.25 \times 4)\,\text{mm} = 70\ \text{mm}$$

$$d_{f2} = d_2 - 2(h_a^* + c^*)m = mz_2 - 2(h_a^* + c^*)m = (4 \times 60 - 2 \times 1.25 \times 4)\,\text{mm} = 230\ \text{mm}$$

9.4.4 径节制齿轮

英美等国家采用径节作为齿轮尺寸计算的基础参数，齿数z与分度直径d之比称为径节，用符号DP（in^{-1}）表示，模数与径节的换算关系为

$$m = \frac{25.4}{DP} \tag{9.4}$$

径节DP（in^{-1}）的标准值为：1，$1\frac{1}{4}$，$1\frac{1}{2}$，$1\frac{3}{4}$，2，$2\frac{1}{2}$，$2\frac{3}{4}$，3，$3\frac{1}{2}$，4，5，6，7，8，9，10，12，14，16，18，20等。

在径节制齿轮中，分度圆压力角的标准值除采用20°外，也采用14.5°和22.5°等标准值。

9.5 标准直齿轮的弦齿厚及公法线长度

由于齿轮的弧齿厚无法直接准确测量，因此常采用弦齿厚或公法线长度进行测量，以保证齿轮精度。

9.5.1 弦齿厚长度

1. 任意圆周上的弧齿厚

齿厚不仅涉及轮齿的强度，在切制齿轮时也关系到齿轮尺寸的检验。用s_K表示半径为r_K的圆周上的弧齿厚，根据渐开线的性质，由图9.10可推得任意圆周上的弧齿厚s_K的计算公式为

$$s_K = r_K \varphi = r_K \left[\frac{s}{r} - 2 \left(\text{inv}\,\alpha_K - \text{inv}\,\alpha \right) \right] \tag{9.5}$$

基圆上的齿厚为

$$\begin{aligned} s_b &= s\frac{r_b}{r} - 2r_b \left(\text{inv}\,\alpha_b - \text{inv}\,\alpha \right) \\ &= m\cos\alpha \left(\frac{\pi}{2} + z\,\text{inv}\,\alpha \right) \end{aligned} \tag{9.6}$$

2. 分度圆弦齿厚$\bar{s}$和弦齿高$\bar{h}$

如图9.11所示，分度圆齿厚s所对应的中心角为$\delta = \dfrac{s}{r}\dfrac{180°}{\pi}$，因此

$$\bar{s} = 2r\sin\frac{\delta}{2} = 2r\sin\left(\frac{s}{r}\frac{90°}{\pi}\right) \tag{9.7}$$

$$\bar{h} = r - r\sin\left(\frac{90°}{z}\right) + h_a \tag{9.8}$$

分度圆弦齿厚$\bar{s}$和弦齿高$\bar{h}$的值可在机械设计手册中直接查得。

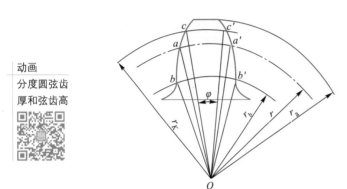

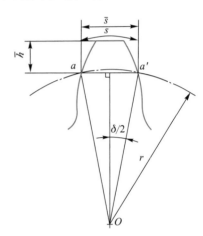

图9.10 任意圆周上的弧齿厚　　　图9.11 分度圆弦齿厚$\bar{s}$和弦齿高$\bar{h}$

9.5.2 公法线长度

所谓公法线长度，是指千分尺跨过k个尺所量得的齿廓间的法向距离（图9.12），用W_k表示。通常用测量公法线长度的方法来检验齿轮的精度，既简便又准确，同时避免了采用齿顶圆作为测量基准而造成齿顶圆精度的无谓提高。

如图9.12所示，设千分尺与齿廓相切于A、B两点，A、B两点在分度圆上；设跨齿数为k，则A、B两点间的距离即为所测得的公法线长度。从图示可知：

$$W_k = (k-1)p_b + s_b \tag{9.9}$$

式中，k为跨齿数；p_b为基圆齿距，$p_b = \pi m\cos\alpha$；s_b为基圆齿厚。

经推导可得标准齿轮的公法线长度计算公式为：

$$W_k = (k-1)p_b + s_b = m\cos\alpha\left[(k-0.5)\pi + z\,\mathrm{inv}\,\alpha\right] \tag{9.10}$$

对于一个具体的齿轮，所跨齿数应保证卡脚与齿廓渐开线部分相切，如果跨齿数太多，卡尺的卡脚就会在齿廓顶部接触；如果跨齿数太少，就会在根部接触（图9.13），这两种情况均不允许。当$\alpha = 20°$时，经分析证明可得到如下的跨齿数计算公式

$$k = \frac{\alpha}{180}z + 0.5 \approx 0.111z + 0.5 \tag{9.11}$$

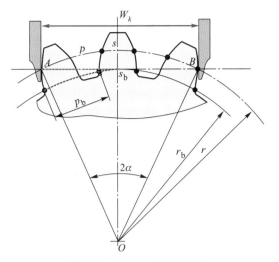

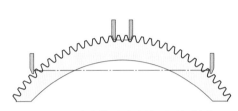

动画

公法线长度

图9.12 公法线长度的测量　　　　　　　图9.13 跨齿数对公法线测量的影响

实际测量时跨齿数 k 必须为整数，故上式必须进行圆整。圆整的方法为：将结果取一位小数，再按四舍五入法取整。

由式（9.10）可知：对于齿数相同模数不同的齿轮，公法线长度是模数的倍数。根据这个原理，模数 $m=1$ mm、压力角 $\alpha=20°$ 的标准齿轮的公法线长度 W_k 可在《机械设计手册》中查出，见表9.4。若 $m \neq 1$ mm，只要将查出的 W_k 值乘以模数即可。

表 9.4　标准直齿轮的跨齿数 k 及公法线长度 W_k^*（$m=1$ mm，$\alpha=20°$）

齿数	跨齿数	公法线长/mm	齿数	跨齿数	公法线长/mm	齿数	跨齿数	公法线长/mm	齿数	跨齿数	公法线长/mm
16	2	4.652 3	36	5	13.788 8	56	7	19.973 2	76	9	26.157 5
17	2	4.666 3	37	5	13.802 8	57	7	19.987 2	77	9	26.171 5
18	3	7.632 4	38	5	13.816 8	58	7	20.001 2	78	9	26.185 5
19	3	7.646 4	39	5	13.830 8	59	7	20.015 2	79	9	26.199 6
20	3	7.660 4	40	5	13.844 8	60	7	20.029 2	80	9	26.213 6
21	3	7.674 4	41	5	13.858 8	61	7	20.043 2	81	10	29.179 7
22	3	7.688 5	42	5	13.872 8	62	7	20.057 2	82	10	29.193 7
23	3	7.702 5	43	5	13.886 8	63	8	23.023 2	83	10	29.207 7
24	3	7.716 5	44	5	13.900 8	64	8	23.037 2	84	10	29.221 7
25	3	7.703 5	45	6	16.867 0	65	8	23.051 3	85	10	29.235 7
26	3	7.744 5	46	6	16.881 0	66	8	23.065 4	86	10	29.249 7
27	4	10.710 6	47	6	16.895 0	67	8	23.079 4	87	10	29.263 7
28	4	10.724 6	48	6	16.909 0	68	8	23.093 4	88	10	29.277 7
29	4	10.738 6	49	6	16.923 0	69	8	23.107 4	89	10	29.291 7
30	4	10.752 6	50	6	16.937 0	70	8	23.121 4	90	11	32.257 9
31	4	10.766 6	51	6	16.951 0	71	8	23.135 4	91	11	32.271 9
32	4	10.780 6	52	6	16.965 0	72	9	26.101 5	92	11	32.285 9
33	4	10.794 6	53	6	16.979 0	73	9	26.115 5	93	11	32.299 9
34	4	10.808 6	54	7	19.945 2	74	9	26.129 5	94	11	32.313 9
35	4	10.822 7	55	7	19.959 2	75	9	26.143 5	95	11	32.327 9

9.6　渐开线标准直齿轮的啮合传动

9.6.1　渐开线齿轮传动满足齿廓啮合基本定律

渐开线齿轮的轮齿齿廓的两侧是由形状相同、方向相反的两段渐开线组成的。如图9.14a所示的一对齿轮的渐开线在K点接触。由渐开线的性质，过K点的公法线N_1N_2必同时与两基圆相切，N_1N_2为两基圆的内公切线。因两基圆在一个方向的内公切线只有一条，故无论齿廓接触点在何处（如图9.14b中的K'点），过接触点所作两齿廓的公法线都一定和N_1N_2相重合。公法线N_1N_2与连心线的交点C为一定点。

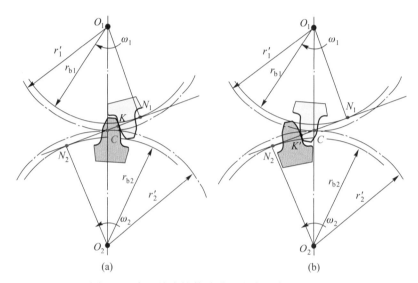

图9.14　渐开线齿轮传动满足齿廓啮合基本定律

由图9.14可知$\triangle O_1CN_1 \backsim \triangle O_2CN_2$，两轮的传动比为

$$i = \frac{\omega_1}{\omega_2} = \frac{O_2C}{O_1C} = \frac{r_{b2}}{r_{b1}} \tag{9.12}$$

该式表明：渐开线齿廓能保证瞬时传动比恒定不变，符合齿廓啮合基本定理。

9.6.2　渐开线齿轮传动的啮合过程

如图9.15所示，齿轮1为主动轮，齿轮2为从动轮。当两轮的一对齿开始啮合时，先以主动轮的齿根推动从动轮的齿顶，因而起始啮合点是从动轮的齿顶圆与啮合线N_1N_2的交点B_2（图9.15a）。随着啮合传动的进行，轮齿啮合点沿着N_1N_2移动，主动轮轮齿上的啮合点逐渐向齿顶部移动，而从动轮轮齿上的啮合点向齿根部移动，如图9.15b中的啮合点K。当啮合传动进行到主动轮的齿顶圆与啮合线N_1N_2的交点B_1时，两轮齿即将脱离接触（图9.15c），故B_1为轮齿的终止啮合点。从一对轮齿的啮合过程来看，啮合点实际走过的轨迹只是啮合线N_1N_2上的一段B_1B_2，故将B_1B_2称为实际啮合线。若将两轮的齿顶圆加大，则B_1B_2就越接近两轮的啮合极限点N_1和N_2。但基圆内无渐开线，故实际啮合线不可能超过啮合极限点N_1和N_2。因此，啮合线N_1N_2是理论上最大的啮合线，故称为理论啮合线。

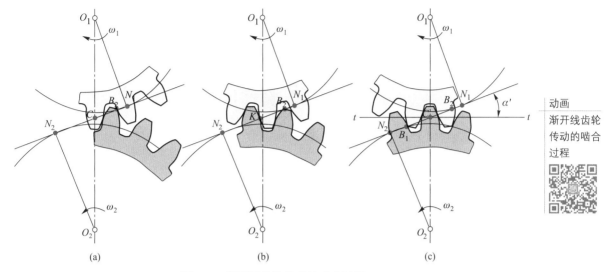

图9.15 渐开线齿轮传动的啮合过程

啮合角：过节点C作两节圆的公切线tt，它与啮合线N_1N_2所夹锐角α'称为啮合角(图9.15c)。当两齿轮的节圆和分度圆重合时，啮合角等于压力角。

9.6.3 正确啮合条件

如图9.16所示，前一对齿在啮合线上的K点啮合时，后一对齿必须准确地在啮合线上的K'点进入啮合，而KK'既是齿轮1的法向齿距，又是齿轮2的法向齿距，两齿轮要想正确啮合，它们的法向齿距必须相等。法向齿距和基圆齿距相等，通常以p_b表示基圆齿距。于是有

$$p_{b1} = p_{b2}$$

而

$$p_b = p \cos \alpha$$

故

$$p_{b1} = p_1 \cos \alpha_1 = \pi m_1 \cos \alpha_1$$

$$p_{b2} = p_2 \cos \alpha_2 = \pi m_2 \cos \alpha_2$$

代入可得两齿轮的正确啮合条件为：

$$\pi m_1 \cos \alpha_1 = \pi m_2 \cos \alpha_2$$

其中m_1、m_2、α_1、α_2分别为两轮的模数和压力角。

由于模数和压力角都已标准化，所以有

$$\begin{cases} m_1 = m_2 = m \\ \alpha_1 = \alpha_2 = \alpha \end{cases} \tag{9.13}$$

即渐开线标准直齿轮的啮合条件为：两轮的模数和压力角必须分别相等。

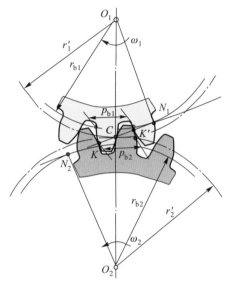

图9.16 啮合条件

9.6.4 连续传动条件

在齿轮的啮合过程中，一对轮齿啮合到一定位置时将会终止（从 B_1 到 B_2），要使齿轮连续传动，就必须在前一对轮齿尚未脱离啮合时（如 K_1 点），后一对齿必须在啮合线上的 B_2 点进入啮合（图9.17a），这样才能保证传动的连续性。即必须使 $B_1 B_2 > K_1 B_2$。如果前一对轮齿到达 B_1 点即将分离时，后一对齿在啮合线上的 B_2 点没有进入啮合，即 $B_1 B_2 < K_1 B_2$，则传动不连续，并发生齿间惯性冲击（图9.17b）。

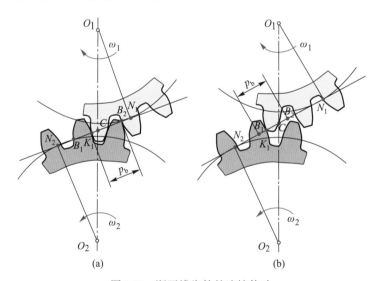

图9.17 渐开线齿轮的连续传动

$K_1 B_2$ 既是齿轮1的法向齿距，又是齿轮2的法向齿距，法向齿距和基圆齿距相等，即 $K_1 B_2 = p_b$，要保证传动不中断，必须满足

$$B_1B_2 \geqslant p_b \qquad (9.14)$$

根据以上分析齿轮连续传动的条件是：两齿轮的实际啮合线 B_1B_2 应大于或等于齿轮的基圆齿距 p_b。通常把 B_1B_2 与 p_b 的比值 ε 称为重合度。即

$$\varepsilon = \frac{B_1B_2}{p_b} \geqslant 1 \qquad (9.15)$$

图 9.18 所示为 $\varepsilon=1.4$ 的情况，B_2K'、KB_1 区间为双齿啮合区，即同时有两对齿在啮合（图 9.18a）；$K'K$ 为单齿啮合区间（图 9.18b），即只有一对齿在啮合。$\varepsilon=1.4$ 表明齿轮转过一个基圆齿距的时间内，有 40% 是双齿啮合，60% 是单齿啮合。齿轮传动的重合度越大，则同时参与啮合的齿数越多，不仅传动的平稳性好，每对轮齿所分担的载荷亦小，相对地提高了齿轮的承载能力。重合度可用图解法求得，也可用下式计算

$$\varepsilon = \frac{1}{2\pi} \left[z_1 (\tan \alpha_{a1} - \tan \alpha') + z_2 (\tan \alpha_{a2} - \tan \alpha') \right] \qquad (9.16)$$

式中，$\alpha_{a1} = \arccos (r_{b1}/r_{a1})$；$\alpha_{a2} = \arccos (r_{b2}/r_{a2})$；$\alpha' = \arccos (r_b/r_a)$（两个齿轮一样）。

因此，ε 与模数无关，与齿数有关，ε 的许用值见表 9.5，设计时应满足 $\varepsilon > [\varepsilon]$。

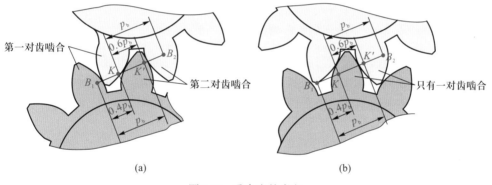

第一对齿啮合
第二对齿啮合
只有一对齿啮合

(a)   (b)

图 9.18 重合度的意义

动画
重合度的
意义

表 9.5 许用重合度 $[\varepsilon]$ 的推荐值

使用场合	一般机械制造业	汽车、拖拉机	金属切削机床
$[\varepsilon]$	1.4	1.1 ~ 1.2	1.3

9.6.5 标准中心距和标准安装

正确安装的齿轮机构在理论上应达到无齿侧间隙（侧隙），否则齿轮啮合过程中就会产生冲击和噪声；反向啮合时会出现空行程。实际上，为了防止齿轮工作时温度升高而卡死以及便于存储润滑油，应留有侧隙，但此侧隙是在制造时以齿厚公差来保证的，理论设计时仍按无侧隙来考虑。因此以下所讨论的中心距均为无侧隙条件下的中心距的计算。

一对正确啮合的渐开线标准齿轮，其模数相等，故两齿轮分度圆上的齿厚和齿槽宽相等，即 $s_1 = e_1 = s_2 = e_2 = \pi m/2$。显然当两分度圆相切并做纯滚动时（即节圆与分度圆重合），其侧隙为零。一对齿轮节圆与分度圆重合的安装称为标准安装，标准安装时的中心距成

为标准中心距,以a表示。如图9.19所示,对于外啮合传动

$$a = r_1' + r_2' = r_1 + r_2 = \frac{m}{2}(z_1 + z_2) \tag{9.17}$$

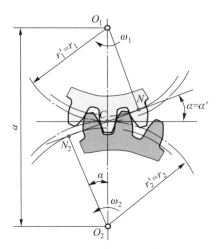

图9.19 无侧隙齿轮传动

因两轮分度圆相切,故顶隙为

$$c = h_f - h_a = (h_a^* + c^*)m - h_a^* m = c^* m \tag{9.18}$$

顶隙的作用是防止一齿轮齿顶与另一齿轮的齿根相碰,同时便于贮存润滑油。

当中心距有误差,即实际中心距a'不等于标准中心距a时,两齿轮的分度圆不再相切,节圆和分度圆不再重合,啮合角α'也发生了变化。

实际中心距为 $\qquad a' = r_1' + r_2'$

由渐开线参数方程可知 $\qquad r' = \dfrac{r_b}{\cos \alpha'} = \dfrac{r\cos \alpha}{\cos \alpha'}$

故 $\qquad a' = r_1' + r_2' = \dfrac{r_1 \cos \alpha}{\cos \alpha'} + \dfrac{r_2 \cos \alpha}{\cos \alpha'} = \dfrac{\cos \alpha}{\cos \alpha'}(r_1 + r_2) = \dfrac{\cos \alpha}{\cos \alpha'}a$

$$a'\cos \alpha' = a\cos \alpha \tag{9.19}$$

即实际中心距a'大于标准中心距a时,啮合角α'大于分度圆压力角α。

9.6.6 渐开线齿轮传动的啮合特点

1. 渐开线齿轮传递的压力方向不变

渐开线齿轮啮合时两齿廓的接触点都在啮合线N_1N_2上。因为啮合线就是齿廓接触的公法线,也是两齿廓间正压力作用线,所以两齿廓间的正压力方向不变,有利于齿轮传动的平稳性。

2. 渐开线齿轮的可分性

由于制造和安装的误差,一对渐开线齿轮的实际中心距与理论计算出来的中心距不可能完全一致,当中心距有误差时,由式9.12可知,一对渐开线齿轮的瞬时传动比与两轮的基圆半径有关,即

$$i = \frac{\omega_1}{\omega_2} = \frac{r_{b2}}{r_{b1}}$$

当一对齿轮制成后，其基圆半径是固定的，因此中心距有误差时传动比仍然为常数，这种特性称为渐开线齿轮的可分性。

当中心距有误差，即 $a \neq a'$ 时，仍然满足齿廓啮合基本定律，但是节点的位置发生了变化。

"齿轮精神"就是相互协作、相互配合、细致、严谨、一丝不苟的精神。

9.7 渐开线齿轮的切齿原理及根切现象

齿轮的加工方法较多，有铸造、模锻、热轧、冲压、切削加工等。齿轮的切齿方法就其原理来讲，可分为仿形法和展成法两种。

9.7.1 仿形法

仿形法的特点是，所采用成形刀具切削刃的形状，在其轴向剖面内与被切齿轮齿槽的形状相同。常用的有盘状铣刀和指状铣刀。图9.20所示为用盘状铣刀加工齿轮。加工时，铣刀转动，同时齿轮毛坯随铣床工作台沿平行于齿轮轴线的方向直线移动；切出一个齿槽后，由分度机构将轮坯转过 $360°/z$ 再切制第二个齿槽，直至整个齿轮加工结束。

图9.21所示为用指状铣刀加工齿轮，加工方法与用盘状铣刀时相似。指状铣刀常用于加工大模数（如 $m > 10$ mm）的齿轮，并可以切制人字齿轮。

仿形法的优点是加工方法简单，不需要专门的齿轮加工设备。缺点是由于铣制相同模数不同齿数的齿轮是用一组有限数目的齿轮铣刀来完成的，见表9.6，因此所选铣刀不可能与要求齿形准确吻合，故加工出的齿形不够准确，轮齿的分度有误差，制造精度较低，生产效率低。因此，仿形法常用于单件、修配或少量生产及齿轮精度要求不高的齿轮加工。

动画
盘状铣刀
加工

AR
盘状铣刀
加工

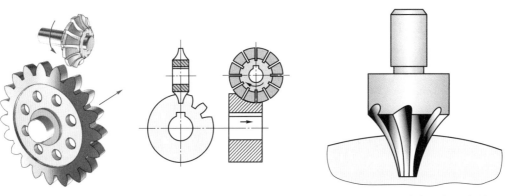

图9.20 用盘状铣刀加工齿轮　　　　图9.21 用指状铣刀加工齿轮

表9.6 盘形铣刀加工齿数的范围

刀号	1	2	3	4	5	6	7	8
加工齿数范围	12～13	14～16	17～20	21～25	26～34	35～54	55～134	≥135

4号齿轮铣刀是根据 $z=21$ 的齿形制作的，因此加工出的 $z=22～25$ 的实际齿形和理

论齿形都有偏差，如图9.22所示。

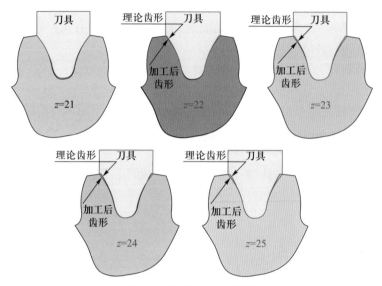

图9.22　仿形法的齿形误差

9.7.2　展成法

展成法是目前齿轮加工中最常用的一种方法。它是运用一对相互啮合齿轮的共轭齿廓互为包络的原理来加工齿廓的。用展成法加工齿轮时，常用的刀具有齿轮型刀具（如齿轮插刀）和齿条型刀具（如齿条插刀、滚刀）两大类。

1. 齿轮插刀加工

动画
齿轮插刀
加工

图9.23所示为用齿轮插刀加工齿轮。齿轮插刀是一个具有切削刃的渐开线外齿轮。插齿时，插刀与轮坯严格地按定比传动做展成运动(即啮合传动)，同时插刀沿轮坯轴线方向做上下往复的切削运动。为了防止插刀退刀时擦伤已加工的齿廓表面，在退刀时，轮坯还须做小距离的让刀运动。另外，为了切出轮齿的整个高度，插刀还需要向轮坯中心移动，做径向进给运动。

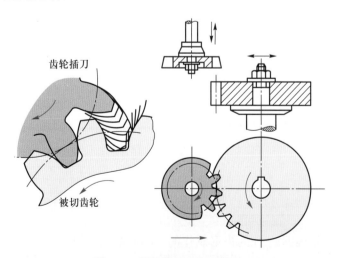

图9.23　用齿轮插刀加工齿轮

2. 齿条插刀加工

图9.24所示为用齿条插刀加工齿轮。切制齿廓时，刀具与轮坯的展成运动相当于齿条与齿轮啮合传动，其切齿原理与用齿轮插刀加工齿轮的原理相同。

动画
齿条插刀
加工

AR
齿条插刀
加工

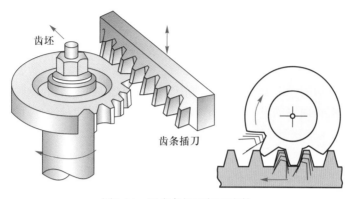

图9.24　用齿条插刀加工齿轮

3. 齿轮滚刀加工

用上述两种刀具加工齿轮，其切削是不连续的，不仅影响生产效率的提高，还限制了加工精度。因此，在生产中更广泛地采用齿轮滚刀（图9.25）来切制齿轮，如图9.26所示。滚刀形状像一螺旋，它的轴向剖面为一齿条。当滚刀转动时，相当于齿条做轴向移动，滚刀转一周，齿条移动一个导程的距离。所以用滚刀切制齿轮的原理和齿条插刀切制齿轮的原理基本相同。滚刀除了旋转之外，还沿着轮坯的轴线缓慢地进给，以便切出整个齿顶。

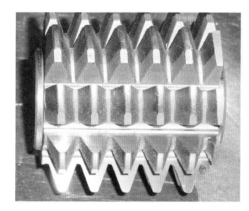

AR
齿轮滚刀
加工

图9.25　齿轮滚刀　　　　　　图9.26　用齿轮滚刀切制齿轮

用展成法加工齿轮时，只要刀具与被加工齿轮的模数、压力角α相同，则不管被加工齿轮的齿数多少，都可以用同一把齿轮刀具来加工，而且生产效率较高，因此在大批生产中多采用展成法。

9.7.3　根切现象

用展成法加工齿轮时，有时会出现刀具的顶部切入齿根，将齿根部分渐开线齿廓切去的情况，这种现象称之为根切。根切严重的齿轮削弱了轮齿的抗弯强度，导致传动的不平稳，对传动十分不利，因此，应尽力避免根切现象的产生。

图9.27所示为用齿条插刀加工标准齿轮时根切的产生情况。图中齿条插刀的分度线与轮坯的分度圆相切，B_1点为轮齿顶圆与啮合线的交点，而N_1点为轮坯基圆与啮合线的切点。根据啮合原理可知：刀具将从图9.27a所示的位置开始切削齿廓的渐开线部分，而当刀具行至9.27b所示位置时，齿廓的渐开线已全部切出。如果刀具的齿顶线恰好通过N_1点，则当展成运动继续进行时，该切削刃即与切好的渐开线齿廓脱离，因而就不会发生根切现象。但若如图9.27c所示刀具的顶线超过了N_1点，当展成运动继续进行时，刀具还将继续切削，部分的刀具展成轮廓线将与已加工完成的齿轮渐开线齿廓发生干涉，从而导致根切现象的发生。因此，根切的根本原因是刀具的齿顶线超过了啮合极限点N_1。

动画
根切的产生

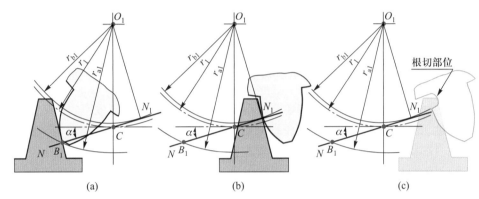

(a)　　　　　　　(b)　　　　　　　(c)

图9.27　根切的产生

9.7.4　不根切最少齿数

要避免根切就必须使刀具的顶线不超过N_1点，如图9.28所示。当用齿条插刀切制标准齿轮时，齿条插刀的分度线与轮坯的分度圆相切，要避免根切，则需满足以下几何条件：

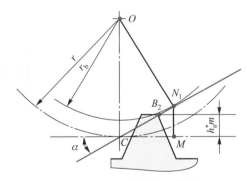

图9.28　不根切的最少齿数

$$N_1M \geq h_a^* m$$

因此，切削标准齿轮时，为了保证无根切现象，则被切齿轮的最少齿数为

$$z_{\min} = \frac{2h_a^*}{\sin^2 \alpha} \qquad (9.20)$$

对于正常齿制齿轮，$z_{\min}=17$，若允许有微量根切，则实际最少齿数可取14。

9.7.5 渐开线标准齿轮的局限性

（1）齿数z必须大于或等于$z_{\min}$，否则将发生根切。但在机械工程上，为了尽可能缩小齿轮机构的径向尺寸（如设计齿轮泵时），往往需要切制$z < z_{\min}$的齿轮。

（2）不能适应中心距$a' \neq a = m(z_1 + z_2)/2$的场合。

（3）一对相啮合的标准齿轮中，小齿轮的齿根厚度小于大齿轮的齿根厚度，而小齿轮的工作条件往往比大齿轮恶劣，故容易损坏。

9.8 变位齿轮传动简介

9.8.1 变位齿轮的概念

齿轮加工产生根切的根本原因在于刀具的顶线超过极限点N_1，要避免根切，就需使刀具的顶线不超过N_1点。在不改变被切齿轮齿数的情况下，只要改变刀具与轮坯的相对位置便可解决根切问题，这样切制出来的齿轮就称为变位齿轮。

如图9.29所示，当刀具在虚线位置时，因其顶线超过了N_1点，所以被切齿轮必将发生根切；如果将刀具移出一段距离，至实线位置，由于刀具的顶线不超过N_1点，故不会再发生根切。以切制标准齿轮的位置为基准，刀具由基准位置沿径向移开的距离，称为变位量，用xm（单位为mm）表示。其中m为模数，x称为变位系数。规定刀具离开轮坯中心的变位系数为正，反之为负。对应于$x > 0$及$x < 0$的变位，分别称为正变位及负变位。

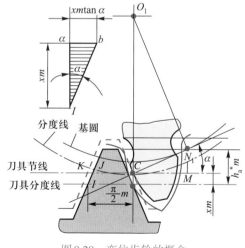

动画
变位齿轮的
概念

图9.29 变位齿轮的概念

9.8.2 变位后对轮齿尺寸的影响

如图9.30所示，用标准齿条刀具加工变位齿轮时，不论是正变位还是负变位，刀具上总有一条与分度线平行的节线与齿轮的分度圆相切并保持纯滚动。因标准齿条刀具的基本参数不变，故切制出来的变位齿轮的齿距 p、模数 m 和压力角 α 仍与刀具上的一样。由此可知，变位齿轮的分度圆不变，基圆也不变。

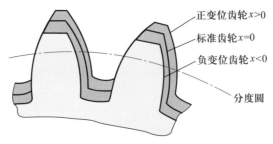

图 9.30 变位齿轮的齿廓

正变位时，其齿轮分度圆上齿厚增大，齿槽宽减小，齿顶高变大，齿根高变小。负变位时则相反。

9.9 齿轮传动的失效形式与设计准则

9.9.1 失效形式

齿轮传动是靠轮齿的啮合来传递运动和动力的，轮齿失效是齿轮常见的主要失效形式。由于齿轮传动装置分为开式和闭式，齿面分为软齿面和硬齿面，齿轮转速有高有低，载荷有轻重之分，所以实际应用中会出现各种不同的失效形式。齿轮传动的主要失效形式有轮齿折断、齿面点蚀、齿面磨损、齿面胶合及塑性变形等几种形式。

1. 轮齿折断

轮齿折断常在齿根部位发生。因为轮齿受载时，齿根变位产生的弯曲应力最大，而且齿根处会引起应力集中；当轮齿脱离啮合后，弯曲应力为零。轮齿在变化的弯曲应力反复作用下，当应力值超过齿轮材料的弯曲疲劳极限值时，轮齿根部就会产生疲劳裂纹，裂纹不断扩展就会导致轮齿疲劳折断，如图 9.31 所示。轮齿折断通常有两种情况：一种是由于多次重复的弯曲应力变化和应力集中造成的疲劳折断；另一种是由于突然严重过载或冲击载荷作用引起的过载折断。这两种折断都起始于轮齿根部受拉的一侧。

动画
轮齿折断

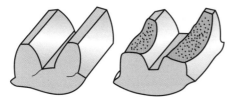

(a) 示意图   (b) 实际图

图 9.31 轮齿折断

为防止轮齿过早折断，可采取适当的工艺措施，如适当增加齿根变位过渡圆角；提高齿面加工精度；采用齿面强化措施和增大轴及支承的刚度等。

2. 齿面点蚀

轮齿工作时，在齿面啮合处交变应力的作用下，当应力峰值超过材料的接触疲劳极限，经过一定应力循环次数后，会先在节线附近的齿表面产生细微的疲劳裂纹；随着裂纹的扩展，将导致小块金属剥落，产生齿面点蚀，如图9.32所示。点蚀会影响轮齿正常啮合，引起冲击和噪声，造成传动的不平稳。

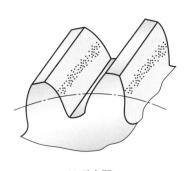

(a) 示意图　　　　　　　　　　(b) 实际图

图9.32　齿面点蚀

点蚀常发生于润滑状态良好、齿面硬度较低（硬度≤350 HBW）的闭式传动中。在开式传动中，由于齿面磨损较快，往往点蚀还来不及出现或扩展即被磨掉了，所以看不到点蚀现象。

齿面抗点蚀能力主要与齿面硬度有关，齿面硬度越高，则抗点蚀的能力越强。

3. 齿面磨损

齿面磨损通常有两种情况：一种是由于灰尘、金属微粒等进入齿面间引起的磨损；另一种是由于齿面间相对滑动摩擦引起的磨损。一般情况下这两种磨损往往同时发生并相互促进。严重的磨损将使轮齿失去正确的齿形，齿侧间隙增大而产生振动和噪声，甚至由于齿厚磨薄最终导致轮齿折断，如图9.33所示。

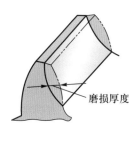

(a) 示意图　　　　　　　　　　(b) 实际图

图9.33　齿面磨损

润滑良好、具有一定硬度和表面粗糙度值较低的闭式齿轮传动，一般不会产生显著的磨损。在开式传动中，特别是在粉尘浓度大的场合，齿面磨损将是主要的失效形式。

4. 齿面胶合

高速重载传动时，啮合区载荷集中，温升快，因而易引起润滑失效；低速重载传动时，齿面间油膜不易形成，这两种情况均可使两金属齿面直接接触而熔黏到一起，并随

动画

齿面点蚀

着运动的继续而使软齿面上的金属被撕下，在轮齿工作表面上形成与滑动方向一致的沟纹，这种现象称为齿面胶合，如图9.34所示。

为了防止胶合，除适当提高齿面硬度和降低齿面表面粗糙度外，对于低速传动宜采用黏度大的润滑油，高速传动则应采用含有抗胶合添加剂的润滑油。

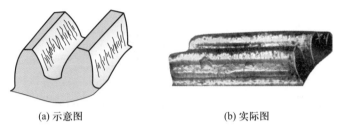

|(a) 示意图|(b) 实际图|

图9.34　齿面胶合

5. 齿面塑性变形

低速重载传动时，若轮齿齿面硬度较低，当齿面间作用力过大，啮合中的齿面表层材料就会沿着摩擦力方向产生塑性流动，这种现象称为塑性变形，如图9.35所示。在起动和过载频繁的传动中，容易产生齿面塑性变形。提高齿面硬度和采用黏度较高的润滑油，都有助于防止或减轻齿面的塑性变形。

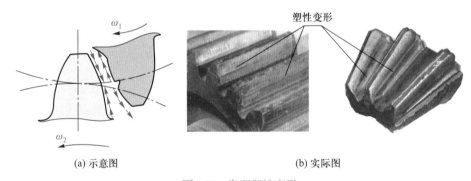

(a) 示意图　　　　　　　　(b) 实际图

图9.35　齿面塑性变形

9.9.2　设计准则

轮齿的失效形式很多，它们不大可能同时发生，但又相互联系，相互影响。例如，轮齿表面产生点蚀后，实际接触面积减少将导致磨损的加剧，而过大的磨损又会导致轮齿的折断，在一定条件下，必有一种为主要失效形式。

在进行齿轮传动的设计计算时，应分析具体的工作条件，判断可能发生的主要失效形式，以确定相应的设计准则。

（1）对于软齿面（硬度 ≤ 350 HBW）的闭式齿轮传动，由于齿面抗点蚀能力差，润滑条件良好，齿面点蚀将是主要的失效形式。在设计计算时，通常按齿面接触疲劳强度设计，再做齿根弯曲疲劳强度校核。

（2）对于硬齿面（硬度 > 350 HBW）的闭式齿轮传动，齿面抗点蚀能力强，但易发生齿根折断，齿根疲劳折断将是主要失效形式。在设计计算时，通常按齿根弯曲疲劳强度设计，再做齿面接触疲劳强度校核。

当一对齿轮均为铸铁材料时，一般只需做轮齿弯曲疲劳强度设计计算。

对于汽车、拖拉机的齿轮传动，过载或冲击引起的轮齿折断是其主要失效形式，宜先做轮齿过载折断设计计算，再做齿面接触疲劳强度校核。

对于开式传动，其主要失效形式是齿面磨损。但由于磨损的机理比较复杂，到目前为止尚无成熟的设计计算方法，通常只能按齿根弯曲疲劳强度设计，再考虑磨损，将所求得的模数增大10% ~ 20%。

9.10 齿轮常用材料及热处理

为了保证齿轮工作的可靠性，提高其使用寿命，齿轮的材料及其热处理应根据工作条件和材料的特点来选取。

对齿轮材料的基本要求是：应使齿面具有足够的硬度和耐磨性，齿轮芯部具有足够的韧性，以防止齿面的各种失效，同时应具有良好的冷、热加工的工艺性，以达到齿轮的各种技术要求。

常用的齿轮材料有优质碳素结构钢、合金结构钢、铸钢、铸铁和非金属材料等。一般多采用锻件或轧制钢材。当齿轮结构尺寸较大，轮坯不易锻造时，可采用铸钢。开式低速传动时，可采用灰铸铁或球墨铸铁；低速重载的齿轮易产生齿面塑性变形，轮齿也易折断，宜选用综合性能较好的钢材。高速齿轮易产生齿面点蚀，宜选用齿面硬度高的材料。受冲击载荷的齿轮，宜选用韧性好的材料。对高速、轻载而又要求低噪声的齿轮传动，也可采用非金属材料，如夹布胶木、尼龙等。常用的齿轮材料及其力学性能见表9.7。

表 9.7　常用的齿轮材料及其力学性能

材料	牌号	热处理	硬度	强度极限 σ_b/MPa	屈服极限 σ_s/MPa	应用范围
优质碳素钢	45	正火	169 HBW ~ 217 HBW	580	290	低速轻载
		调质	217 HBW ~ 255 HBW	650	360	低速中载
		表面淬火	40 HBW ~ 50 HRW	750	450	高速中载或低速重载，冲击很小
	50	正火	180 HBW ~ 220 HBW	620	320	低速轻载
合金钢	40Cr	调质	240 HBW ~ 260 HBW	700	550	中速中载
		表面淬火	48 HRC ~ 55 HRC	900	650	高速中载，无剧烈冲击
	42SiMn	调质	217 HBW ~ 269 HBW	750	470	高速中载，无剧烈冲击
		表面淬火	45 HRC ~ 55 HRC			
	20Cr	渗碳淬火	56 HRC ~ 62 HRC	650	400	高速中载，承受冲击
	20CrMnTi	渗碳淬火	56 HRC ~ 62 HRC	1 100	850	
铸钢	ZG310−570	正火	160 HBW ~ 210 HBW	570	320	中速，中载，大直径
		表面淬火	40 HRC ~ 50 HRC			
	ZG340−640	正火	170 HBW ~ 230 HBW	650	350	
		调质	240 HBW ~ 270 HBW	700	380	
球墨铸铁	QT600−2	正火	220 HBW ~ 280 HBW	600		低中速轻载有小的冲击
	QT500−5		147 HBW ~ 241 HBW	500		
灰铸铁	HT200	人工时效（低温退火）	170 HBW ~ 230 HBW	200		低速轻载，冲击很小
	HT300		187 HBW ~ 235 HBW	300		

钢制齿轮的热处理方法主要有以下几种。

1. 表面淬火

表面淬火常用于中碳钢和中碳合金钢，如45钢、40Cr等。表面淬火后，齿面硬度一般为40 HRC ~ 55 HRC。特点是抗疲劳点蚀、抗胶合能力高，耐磨性好；由于齿芯部分未淬硬，齿轮仍有足够的韧性，能承受不大的冲击载荷。

2. 渗碳淬火

渗碳淬火常用于低碳钢和低碳合金钢，如20Cr等。渗碳淬火后齿面硬度可达56 HRC ~ 62 HRC，而齿轮芯部仍保持较高的韧性，轮齿的抗弯强度和齿面接触强度高，耐磨性较好，常用于受冲击载荷的重要齿轮传动。齿轮经渗碳淬火后，轮齿变形较大，应进行磨削加工。

3. 渗氮

渗氮是一种表面化学热处理。渗氮后不需要进行其他热处理，齿面硬度可达700 HV ~ 900 HV。由于渗氮处理后的齿轮硬度高，工艺温度低，变形小，故适用于内齿轮和难以磨削的齿轮，常用于含铅、钼、铝等合金元素的渗氮钢，如38CrMoAl等。

4. 调质

调质一般用于中碳钢和中碳合金钢，如45钢、40Cr、35SiMn等。调质处理后齿面硬度一般为220 HBW ~ 280 HBW。因硬度不高，轮齿精加工可在热处理后进行。

5. 正火

正火能消除内应力，细化晶粒，改善力学性能和切削性能。机械强度要求不高的齿轮可采用中碳钢正火处理，大直径的齿轮可采用铸钢正火处理。

9.11　标准直齿轮传动的设计

9.11.1　轮齿的受力分析

图9.36所示为一对标准直齿轮啮合传动时的轮齿受力分析，齿轮1为主动轮，齿轮2为从动轮。其齿廓在节点C处接触。若以节点C作为计算点，不考虑齿面间摩擦力的影响，且认为是一对轮齿在啮合，由渐开线齿廓特性可知，轮齿间的总作用力F_n将沿着啮合点的公法线N_1N_2方向。F_n称为法向力。F_n在分度圆上可分解为两个互相垂直的分力：切于圆周的切向力F_t和沿半径方向并指向轮心的径向力F_r。

设计时通常已知主动齿轮传递的功率P_1（kW）及转速n_1（r/min），故主动轮的转矩F_1（N·mm）可由下式求得：

$$T_1 = 9\,549 \times 10^3 \frac{P}{n_1} \tag{9.21}$$

所以有

$$F_t = \frac{2T_1}{d_1} \tag{9.22}$$

$$F_r = F_t \tan \alpha \tag{9.23}$$

$$F_n = \frac{F_t}{\cos \alpha} = \frac{2T_1}{d_1 \cos \alpha} \tag{9.24}$$

式中，d_1为小齿轮的分度圆直径（mm），α为分度圆压力角（°），$\alpha = 20°$。

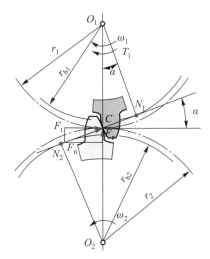

图 9.36 轮齿受力分析

作用在主动齿轮和从动齿轮的各对分力等值相反。圆周力 F_t 的方向：作用在主动齿轮上的 F_{t1} 方向与主动齿轮回转方向相反；作用在从动齿轮上的 F_{t2} 方向与主动齿轮回转方向相同；径向力 F_{r1}、F_{r2} 分别指向各自的轮心。

在分析轮齿受力时，忽略齿面间摩擦力的影响，且认为是一对轮齿在啮合，就是要抓住主要矛盾。

9.11.2 轮齿的计算载荷 F_{nc}

上述讨论轮齿受力中的法向力 F_n 为理想情况下的名义载荷。实际上，齿轮传动时，由于齿轮、轴、支承等的制造误差、安装误差以及在载荷作用下的变形等因素的影响，轮齿沿齿宽方向的作用力并非均匀分布，存在着载荷局部集中现象。此外，由于原动机与工作机的载荷变化，以及齿轮传动的各种误差所引起的传动不平稳等，都将引起附加动载荷。因此，在齿轮强度计算时，通常用考虑了各种影响因素的计算载荷 F_{nc} 代替名义载荷 F_n，计算载荷按下式确定：

$$F_{nc}=KF_n \tag{9.25}$$

式中，K 为载荷系数，其值可查表 9.8。

表 9.8 载荷系数 K

工作机械	载荷特性	原动机		
		电动机	多缸内燃机	单缸内燃机
均匀加料的输送机和加料机、轻型卷扬机、发电机、机床辅助传动	均匀，轻微冲击	1 ~ 1.2	1.2 ~ 1.6	1.6 ~ 1.8
不均匀加料的输送机和加料机，重型卷扬机、球磨机、机床主传动	中等冲击	1.2 ~ 1.6	1.6 ~ 1.8	1.8 ~ 2.0
冲床、钻机、轧机、破碎机、挖掘机	大的冲击	1.6 ~ 1.8	1.9 ~ 2.1	2.2 ~ 2.4

注：斜齿、圆周速度低、精度高、齿宽系数小，齿轮在两轴承间对称布置，取小值。直齿、圆周速度高、精度低、齿宽系数大，齿轮在两轴承间不对称布置，取大值。

9.11.3　齿面的接触疲劳强度计算

齿面接触疲劳强度计算的目的，是为了防止齿面点蚀失效，齿面点蚀与两齿面的接触应力有关。根据齿轮啮合原理可知，直齿轮在节点处为单对齿参与啮合，相对滑动速度为零，润滑条件不良，因而最容易发生点蚀，故点蚀常发生在节线附近。因此，防止齿面点蚀的强度条件为节点处的计算接触应力应该小于齿轮材料的许用接触应力，即

$$\sigma_H \leqslant [\sigma_H]$$

齿面接触应力的计算是以两圆柱体接触时的最大接触应力推导出来的。接触区的最大接触应力 σ_H 可根据弹性力学公式计算（图 9.37），即

$$\sigma_H = \sqrt{\frac{F_n}{\pi b} \frac{\frac{1}{\rho_1} \pm \frac{1}{\rho_2}}{\left(\frac{1-\mu_1^2}{E_1} + \frac{1-\mu_2^2}{E_2}\right)}} = \sqrt{\frac{1}{\pi \left(\frac{1-\mu_1^2}{E_1} + \frac{1-\mu_2^2}{E_2}\right)} \frac{F_n}{b} \frac{1}{\rho}} = Z_E \sqrt{\frac{F_n}{b} \frac{1}{\rho}} \tag{9.26}$$

式中，b 为两圆柱体的宽度；ρ_1、ρ_2 为两圆柱体接触处的曲率半径；"$\pm$"号分别表示外接触或内接触；μ_1、μ_2 为两圆柱体材料的泊松比；ρ 为综合曲率半径，$\frac{1}{\rho} = \frac{1}{\rho_1} \pm \frac{1}{\rho_2}$；$Z_E$ 为配对齿轮材料的弹性系数，$Z_E = \sqrt{\dfrac{1}{\pi \left(\dfrac{1-\mu_1^2}{E_1} + \dfrac{1-\mu_2^2}{E_2}\right)}}$，其值见表 9.9。

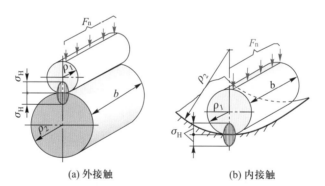

(a) 外接触　　　　　　　　　(b) 内接触

图 9.37　两接触体的接触应力

表 9.9　弹性系数 Z_E

$\sqrt{\text{MPa}}$

齿轮2材料		锻钢	铸钢	铁墨铸铁	灰铸铁
弹性模量 E/MPa		20.6×10^4	20.2×10^4	17.3×10^4	11.8×10^4
泊松比 μ		0.3	0.3	0.3	0.3
齿轮1材料	锻钢	189.8	188.9	181.4	162.0
	铸铁		188.0	180.5	161.4
	铁墨铸铁	—		173.9	156.6
	灰铸铁		—	—	143.7

疲劳点蚀一般出现在节线附近，故以节点处的接触应力来计算齿面的接触疲劳强度，可以将两个齿轮节点处的两个曲率半径形成的圆柱带入式（9.26），来计算两个圆柱（齿轮齿面）的接触应力，如图9.38所示。

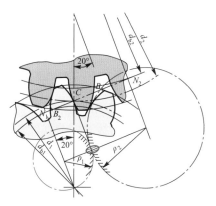

图9.38　轮齿接触强度计算

经分析，可得齿面接触应力计算公式为

$$\sigma_H = Z_E Z_H \sqrt{\frac{F_t}{bd_1} \frac{u \pm 1}{u}} \tag{9.27}$$

式中，Z_H 为节点啮合系数，反映节点处齿廓形状对接触应力的影响，对于标准齿轮，$Z_H = \sqrt{\dfrac{4}{\sin 40°}} = 2.49$。

设 $b = \psi_d d_1$（ψ_d 为齿宽系数，其值可查表9.10），而 $F_t = 2T_1/d_1$，代入式（9.27），并引入载荷系数 K，同时以传动比 i 代替 u，则得齿面接触强度的校核公式：

$$\sigma_H = Z_E Z_H \sqrt{\frac{2T_1}{bd_1^2} \frac{i \pm 1}{i}} = Z_E Z_H \sqrt{\frac{2KT_1}{\psi_d d_1^3} \frac{i \pm 1}{i}} \leqslant [\sigma_H] \tag{9.28}$$

表 9.10　齿宽系数 ψ_d

两轴承相对齿轮的布置情况	载荷情况	软齿面或软硬齿面		硬齿面	
		推荐值	最大值	推荐值	最大值
对称布置	变动小	0.8 ~ 1.4	1.8	0.4 ~ 0.9	1.1
	变动大		1.4		0.9
非对称布置	变动小	0.6 ~ 1.2	1.4	0.3 ~ 0.6	0.9
	变动大		1.15		0.7
小齿轮悬臂	变动小	0.3 ~ 0.4	0.8	0.2 ~ 0.25	0.55
	变动大		0.6		0.44

按齿面接触强度设计齿轮时，需要确定小齿轮的分度圆直径，将式（9.28）变换可得齿面接触强度的设计公式：

$$d_1 \geqslant \sqrt[3]{\frac{2KT_1}{\psi_{\mathrm{d}}}\left(\frac{Z_{\mathrm{E}}Z_{\mathrm{H}}}{[\sigma_{\mathrm{H}}]}\right)^2\frac{i \pm 1}{i}} \tag{9.29}$$

式中，$[\sigma_{\mathrm{H}}]$ 为材料的接触疲劳许用应力。实际应用时，一对齿轮的 $[\sigma_{\mathrm{H1}}]$ 和 $[\sigma_{\mathrm{H2}}]$ 可能会不一样，应将较小的一个作为 $[\sigma_{\mathrm{H}}]$ 代入式（9.29）。

$$[\sigma_{\mathrm{H}}] = \frac{\sigma_{\mathrm{Hlim}}}{S_{\mathrm{Hmin}}}Z_{\mathrm{N}} \tag{9.30}$$

式中，σ_{Hlim} 为接触疲劳极限应力，其值可查图9.39；S_{Hmin} 为接触疲劳强度的最小安全系数，通常取 $S_{\mathrm{Hmin}}=1$，其值可查表9.11；Z_{N} 为接触疲劳强度寿命系数，其值查图9.40。

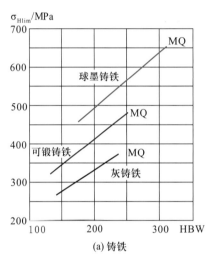

(a) 铸铁

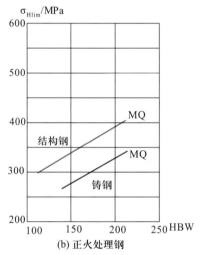

(b) 正火处理钢

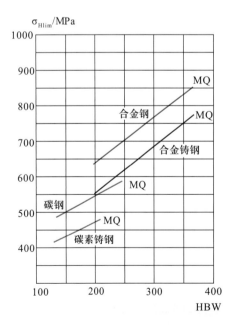

(c) 调质处理钢

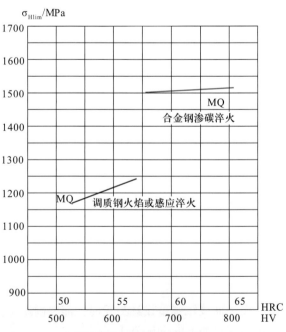

(d) 渗碳淬火钢和表面硬化钢

图9.39　轮齿接触疲劳极限

表 9.11 最小安全系数 S_{Hmin} 和 S_{Fmin}

安全系数	软齿面（≤ 350 HBW）	硬齿面（> 350 HBW）	重要的传动、渗碳淬火齿轮或铸造齿轮
S_{Hmin}	1.0 ~ 1.1	1.1 ~ 1.2	1.3
S_{Fmin}	1.3 ~ 1.4	1.4 ~ 1.6	1.6 ~ 2.2

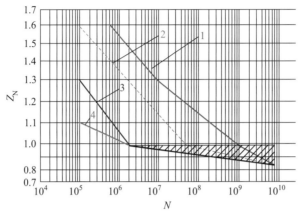

1—允许有一定点蚀的结构钢、调质钢、球墨铸铁（珠光体、贝氏体）、表面淬火及渗碳钢；
2—材料同 1，不允许出现点蚀；3—灰铸铁、碳钢调质后气体氮化、氮化钢气体氮化；
4—碳氮共渗的调质钢

图 9.40 接触疲劳强度寿命系数

图 9.40 中 N 为应力循环系数，$N = 60njL_h$，n 为齿轮转速，单位为 r/min；j 为齿轮转一周时同侧齿面的啮合次数；L_h 为齿轮工作寿命，单位为 h。

9.11.4 齿根弯曲疲劳强度计算

齿根弯曲疲劳计算的目的，是为了防止轮齿根部的疲劳折断。轮齿的折断与齿根弯曲应力有关。在工程上，假设全部载荷由一对齿承担，且载荷作用于齿顶，并视轮齿为一个宽度为 b 的悬臂梁，如图 9.41 所示。轮齿危险截面由 30° 切线法确定。即作与轮齿对称中线成 30° 且与齿根过渡曲线相切的直线，通过两切点作平行于齿轮轴线的截面，即为轮齿根部的危险截面。

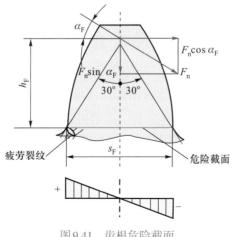

图 9.41 齿根危险截面

　　危险截面上的应力：轮齿间法向力 F_n 在危险截面上的应力有切向分力 $F_n\cos\alpha_F$ 引起的弯曲应力和径向分力 $F_n\sin\alpha_F$ 引起的压应力。

　　则得弯曲强度的校核公式为

$$\sigma_F = \frac{2KT_1}{bmd_1}Y_F Y_S \leqslant [\sigma_F] \tag{9.31}$$

或

$$\sigma_F = \frac{2KT_1}{\psi_d z_1^2 m^3}Y_F Y_S \leqslant [\sigma_F] \tag{9.32}$$

式中，Y_F 称为齿形系数，只与轮齿形状有关，而与模数无关，其值可查表9.12；Y_S 称为应力修正系数，其值可查表9.12；ψ_d 为齿宽系数，其值可查表9.10。

表 9.12　标准外齿轮的齿形系数 Y_F 及应力修正系数 Y_S

z	17	18	19	20	21	22	23	24	25	26	27	28	29
Y_F	2.97	2.91	2.85	2.80	2.76	2.72	2.69	2.65	2.62	2.60	2.57	2.55	2.53
Y_S	1.52	1.53	1.54	1.55	1.56	1.57	1.575	1.58	1.59	1.595	1.60	1.61	1.62
z	30	35	40	45	50	60	70	80	90	100	150	200	∞
Y_F	2.52	2.45	2.40	2.35	2.32	2.28	2.24	2.22	2.20	2.18	2.14	2.12	2.06
Y_S	1.625	1.65	1.67	1.68	1.70	1.73	1.75	1.77	1.78	1.79	1.83	1.865	1.97

　　设计计算时，将式（9.32）改写为轮齿弯曲疲劳强度的设计公式，可求出模数，即

$$m \geqslant \sqrt[3]{\frac{2KT_1}{z_1^2 \psi_d}\frac{Y_F Y_S}{[\sigma_F]}} \tag{9.33}$$

式中，z_1 为小齿轮齿数；$[\sigma_F]$ 为弯曲疲劳许用应力（MPa）。

　　一般齿轮传动的弯曲疲劳许用应力 $[\sigma_F]$ 按下式计算：

$$[\sigma_F] = \frac{\sigma_{Flim}}{S_{Fmin}}Y_N \tag{9.34}$$

式中，σ_{Flim} 为轮齿单向受力时的弯曲疲劳极限，其值可查图9.42；S_{Fmin} 为弯曲疲劳强度的最小安全系数，通常取 $S_{Fmin}=1$，其值可查表9.11；Y_N 为弯曲疲劳寿命系数，其值查图9.43。

　　图9.43中 N 为应力循环系数，$N=60njL_h$，其中 n 为齿轮转速，单位 r/min；j 为齿轮转一周时同侧齿面的啮合次数；L_h 为齿轮工作寿命，单位为h。

　　用公式 $\sigma_F = \dfrac{2KT_1}{bmd_1}Y_F Y_S \leqslant [\sigma_F]$ 校核齿轮弯曲强度时，由于大、小齿轮的齿数可能不同，齿形系数 Y_F 和应力修正系数 Y_S 也不同；一对齿轮材料的硬度一般不相等，其弯曲许用应力 $[\sigma_{F1}]$ 和 $[\sigma_{F2}]$ 也不相等，因此大、小齿轮的弯曲应力应分别计算，并与各自的弯曲许用应力进行比较，$\sigma_{F1} \leqslant [\sigma_{F1}]$，$\sigma_{F2} \leqslant [\sigma_{F2}]$。用公式 $m \geqslant \sqrt[3]{\dfrac{2KT_1}{z_1^2 \psi_d}\dfrac{Y_F Y_S}{[\sigma_F]}}$ 设计计算时，应将 $\dfrac{Y_{F1}Y_{S1}}{[\sigma_{F1}]}$ 和 $\dfrac{Y_{F2}Y_{S2}}{[\sigma_{F2}]}$ 中较大的代入。

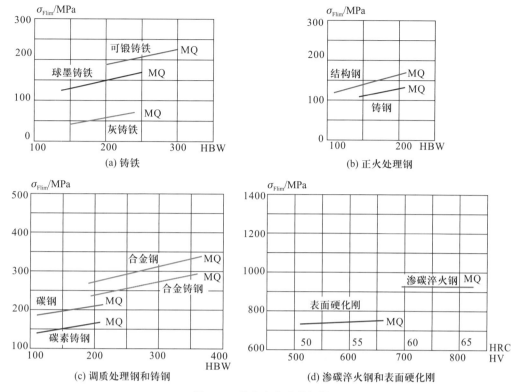

图9.42 轮齿弯曲疲劳极限

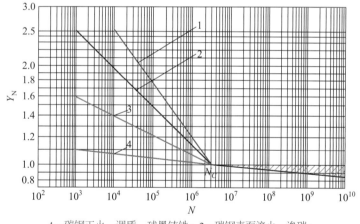

1—碳钢正火、调质、球墨铸铁；2—碳钢表面淬火、渗碳；
3—灰铸铁、氮化钢气体氮化；4—碳钢调质后液体氮化

图9.43 弯曲疲劳寿命系数

9.11.5 圆柱齿轮传动参数的选择

1. 齿数 z 的选择

对于软齿面的闭式传动，在满足弯曲疲劳强度的前提下，宜采用较多齿数，一般取 $z_1 = 20 \sim 40$。

对于硬齿面的闭式传动及开式传动，齿根抗弯曲疲劳破坏能力较低，宜取较少齿数，以增大模数，提高轮齿弯曲疲劳强度，但要避免发生根切，一般取 z_1=17～20。

2. 模数 m 的选择

模数影响轮齿的抗弯强度，一般在满足轮齿弯曲疲劳强度的前提下，宜取较小模数，以增大齿数，减少切齿量。对于传递动力的齿轮，可按 m=（0.007～0.02）a 初选，但要保证 $m \geqslant 2$ mm。

3. 齿宽系数 ψ_d 的选择

增大齿宽系数，可减小齿轮传动装置的径向尺寸，降低齿轮的圆周速度。但齿宽系数过大则需提高结构刚度，否则将会出现载荷分布严重不均。

4. 齿数比的选择

对于一般齿轮传动，常取单级传动比 $i \leqslant 7$；当 $i>7$ 时，宜采用多级传动，以免传动装置外廓尺寸过大。对于开式或手动的齿轮传动，传动比可以取得更大些，i_{max}=8～12。

一般齿轮传动，若对传动比不做严格要求时，则实际传动比 i 允许有 ±2.5%（$i \leqslant 4.5$ 时）或 ±4%（$i>4.5$ 时）的误差。

5. 直齿轮的设计步骤

（1）根据题目提供的工况条件，确定传动形式，选定合适的齿轮材料和热处理方法，查表确定相应的许用应力。

（2）根据设计准则，设计计算 m 和 d_1。

（3）选择齿轮的主要参数。

（4）主要几何尺寸计算。

（5）根据设计准则，校核接触强度或者弯曲强度。

（6）校核齿轮的圆周速度，选择齿轮传动的精度等级和润滑方式等。

（7）绘制齿轮零件工作图。

9.11.6　齿轮精度等级简介及其选择

轮齿加工时，由于轮坯、刀具在机床上的安装误差，机床和刀具的制造误差以及加工时所引起的振动等原因，加工出来的齿轮存在着不同程度的误差。加工误差大、精度低，将影响齿轮的传动质量和承载能力；反之，若精度要求过高，将给加工带来困难，增加制造成本。因此，根据齿轮的实际工作条件，对齿轮加工精度提出适当的要求至关重要。

我国国家标准GB/T 10095.1—2008中，对渐开线圆柱齿轮规定了13个精度等级，0级精度最高，12级精度最低。齿轮精度等级主要根据传动的使用条件、传递的功率、圆周速度及其他经济、技术要求决定。6级是高精度等级，用于高速、分度等要求高的齿轮传动，一般机械中常用7～8级，对精度要求不高的低速齿轮可使用9～12级。表9.13为常见机器中齿轮的精度等级选用范围。

表 9.13　常见机器中齿轮的精度等级选用范围

机器名称	精度等级	机器名称	精度等级
汽轮机	3～6	轻型汽车	5～8
金属切割机床	3～8	载重汽车	7～9

续表

机器名称	精度等级	机器名称	精度等级
拖拉机	6 ~ 8	起重机	7 ~ 10
通用减速器	6 ~ 9	矿山用卷扬机	8 ~ 10
锻压机床	6 ~ 9	农业机械	8 ~ 11

例9.3 设计一普通机床使用的单级直齿轮减速器。已知：传递功率P=7 kW，电动机驱动，小齿轮转速n_1=800 r/min 传动比i=3.5，单向运转，负载平稳。使用寿命8年，单班制工作。

解 （1）选择齿轮材料及精度等级。

由于传递功率较小，采用软齿面齿轮传动。查表9.7，小齿轮选用45钢调质，硬度为217 HBW ~ 255 HBW，取为236 HBW；大齿轮选用45钢正火，硬度为169 HBW ~ 217 HBW，取为193 HBW。

（2）按齿轮面接触疲劳强度设计。

因两齿轮均为钢质齿轮，可应用式（9.29）求出d_1值。确定有关参数与系数：

1）转矩T_1。

$$T_1 = 9\,549 \times 10^3 \frac{P}{n_1} = \left(9\,549 \times 10^3 \times \frac{7}{800}\right) \text{N·mm} = 83\,553.75 \text{ N·mm}$$

2）载荷系数K。查表9.8，取K=1.1。

3）齿数z_1和齿宽系数ψ_d。小齿轮的齿数z_1取为30，则大齿轮齿数z_2=105。因单级齿轮传动为对称布置，而齿轮齿面为软齿面，由表9.10选出ψ_d=1。

4）许用接触应力$[\sigma_H]$。由图9.39查得：

$$\sigma_{Hlim1} = 570 \text{ MPa}, \quad \sigma_{Hlim2} = 380 \text{ MPa}$$

由表9.11，可查得S_H=1.1。

$$N_1 = 60njL_h = 60 \times 800 \times 1 \times (8 \times 52 \times 40) = 7.99 \times 10^8$$

$$N_2 = N_1 / i = 7.99 \times 10^8 / 3.5 = 2.28 \times 10^8$$

查图9.40，得$Z_{N1}=1$，$Z_{N2}=1.08$。

由式（9.30），可得：

$$[\sigma_{H1}] = \frac{\sigma_{Hlim1}}{S_H} Z_{N1} = \frac{570}{1.1} \times 1 \text{ MPa} = 518.2 \text{ MPa}$$

$$[\sigma_{H2}] = \frac{\sigma_{Hlim2}}{S_H} Z_{N2} = \frac{380}{1.1} \times 1.08 \text{ MPa} = 373.1 \text{ MPa}$$

故

$$d_1 \geqslant \sqrt[3]{\frac{2KT_1}{\psi_d}\left(\frac{Z_E Z_H}{[\sigma_H]}\right)^2 \frac{i\pm1}{i}} = \sqrt[3]{\frac{2 \times 1.1 \times 83\,553.75}{1}\left(\frac{189.8 \times 2.49}{373.1}\right)^2 \frac{3.5+1}{3.5}} \text{ mm}$$

$$= 72.38 \text{ mm}$$

$$m = \frac{d_1}{z_1} = \frac{72.38}{30} \, \text{mm} = 2.41 \, \text{mm}$$

查表9.2取标准模数 $m=2.5$。

（3）主要尺寸计算。

$$d_1 = mz_1 = 2.5 \times 30 \, \text{mm} = 75 \, \text{mm}$$

$$d_2 = mz_2 = 2.5 \times 105 \, \text{mm} = 262.5 \, \text{mm}$$

$$b = \psi_d d_1 = 1 \times 75 \, \text{mm} = 75 \, \text{mm}$$

取 $b_2 = 75 \, \text{mm}$，所以

$$b_1 = b_2 + 5 \, \text{mm} = 80 \, \text{mm}$$

$$a = \frac{1}{2} m(z_1 + z_2) = \frac{1}{2} \times 2.5 \times (30 + 105) \, \text{mm} = 168.75 \, \text{mm}$$

（4）按齿根弯曲疲劳强度校核。

由式（9.32）得出 σ_F，如 $\sigma_F \leqslant [\sigma_F]$，则校核合格。

确定有关系数与参数：

1）齿型系数 Y_F。查表9.12得： $Y_{F1}=2.52$， $Y_{F2}=2.17$。

2）应力修正系数 Y_S。查表9.12得： $Y_{S1}=1.625$， $Y_{S2}=1.80$。

3）许用弯曲应力 $[\sigma_F]$。

由图9.42查得： $\sigma_{Flim1} = 210 \, \text{MPa}$， $\sigma_{Flim2} = 170 \, \text{MPa}$。

由表9.11查得： $S_F = 1.4$。

由图9.43查得： $Y_{N1} = Y_{N2} = 1$。

由式（9.34）可得：

$$[\sigma_{F1}] = \frac{Y_{N1}\sigma_{Flim1}}{S_F} = \frac{1 \times 210}{1.4} \, \text{MPa} = 150 \, \text{MPa}$$

$$[\sigma_{F2}] = \frac{Y_{N2}\sigma_{Flim2}}{S_F} = \frac{1 \times 170}{1.4} \, \text{MPa} = 121.4 \, \text{MPa}$$

故

$$\sigma_{F1} = \frac{2KT_1}{bm^2 z_1} Y_{F1} Y_{S1} = \frac{2 \times 1.1 \times 83\,553.75}{75 \times 2.5^2 \times 30} \times 2.52 \times 1.625 \, \text{MPa}$$

$$= 53.53 \, \text{MPa} < [\sigma_{F1}] = 150 \, \text{MPa}$$

$$\sigma_{F2} = \sigma_{F1} \frac{Y_{F2} Y_{S2}}{Y_{F1} Y_{S1}} = 53.53 \times \frac{2.17 \times 1.80}{2.52 \times 1.625} \, \text{MPa}$$

$$= 51.06 \, \text{MPa} < [\sigma_F]_2 = 121.4 \, \text{MPa}$$

齿根弯曲强度校核合格。

（5）几何尺寸计算及绘制齿轮零件工作图（略）。

9.12　平行轴斜齿轮传动

9.12.1　斜齿轮齿廓曲面的形成及传动特点

前面论述的直齿轮的齿廓形成过程以及啮合特点，都是在其端面即垂直于齿轮轴线的平面来讨论的，而齿轮是有宽度的。因此，前面所讨论的齿廓形成以及啮合特点的概念必须做进一步的深化。从几何的观点看，无非是点→线、线→面、面→体。因此，渐开线曲面的形成如下：发生面 S 沿基圆柱做纯滚动，发生面上任意一条与基圆柱母线 NN 平行的直线 KK 在空间所走过的轨迹即为直齿轮的齿廓曲面，如图9.44所示。

直齿轮啮合时，齿面的接触线平行于齿轮轴线。因此轮齿是沿整个齿宽方向同时进入啮合、同时脱离啮合的，载荷则沿齿宽突然加上或卸下。因此齿轮传动的平稳性较差，容易产生冲击和噪声。

斜齿轮的齿廓曲面与直齿轮相似，如图9.45所示，即发生面沿基圆柱做纯滚动，发生面上任意一条与基圆柱母线 NN 成一倾斜角 β_b 的直线 KK 在空间所走过的轨迹为一个渐开线螺旋面，即为斜齿轮的齿廓曲面，β_b 称为基圆柱上的螺旋角。

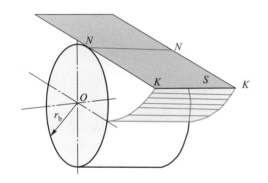

图9.44　直齿渐开线曲面的形成

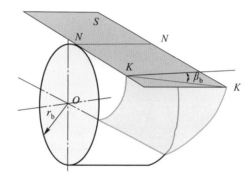

图9.45　斜齿渐开线曲面的形成

动画
直齿渐开线
曲面的形成

动画
斜齿渐开线
曲面的形成

一对平行轴斜齿轮啮合时，斜齿轮的齿廓是逐渐进入和脱离啮合的（图9.46、图9.47），斜齿轮齿廓接触线的长度由零逐渐增加，又逐渐缩短，直至脱离接触，当其齿廓前端面脱离啮合时，齿廓的后端面仍在啮合中，载荷在齿宽方向上不是突然加上及卸下，其啮合过程比直齿轮长，同时啮合的齿轮对数也比直齿轮多，即其重合度较大。因此斜齿轮传动工作较平稳、承载能力强、噪声和冲击较小，适用于高速、大功率的齿轮传动。

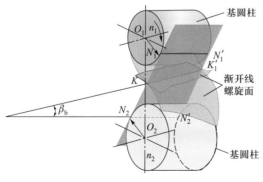

图9.46　一对平行轴斜齿轮的啮合

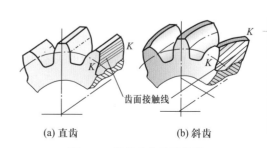

图9.47　齿轮啮合的接触线

AR
一对平行轴
斜齿轮的啮
合

9.12.2　斜齿轮的参数及几何尺寸计算

斜齿轮的轮齿为螺旋形，在垂直于齿轮轴线的端面（下标以 t 表示）和垂直于齿廓螺旋面的法面（下标以 n 表示）上有不同的参数。斜齿轮的端面是标准的渐开线，但从斜齿轮的加工和受力角度看，斜齿轮的法面参数应为标准值。

1. 螺旋角 β

图 9.48 所示为斜齿轮分度圆柱面展开图，螺旋线展开成一直线，该直线与轴线的夹角 β 称为斜齿轮在分度圆柱上的螺旋角，简称斜齿轮的螺旋角。

$$\tan \beta = \pi d / p_z$$

同理可得基圆柱螺旋角 β_b

$$\tan \beta_b = \pi d_b / p_z = \pi \cos \alpha_t d / p_z$$

所以有

$$\tan \beta_b = \tan \beta \cos \alpha_t \qquad (9.35)$$

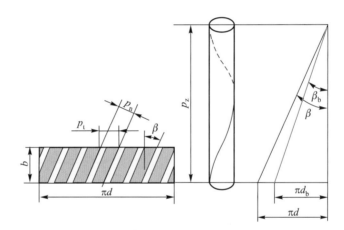

图 9.48　斜齿轮分度圆柱面展开图

通常用分度圆上的螺旋角 β 来进行几何尺寸的计算。螺旋角 β 越大，轮齿越倾斜，传动的平稳性也越好，但轴向力也越大。通常在设计时取 $\beta=8° \sim 20°$。对于人字齿轮，其轴向力可以抵消，常取 $\beta=25° \sim 45°$，但加工较为困难，一般用于重型机械的齿轮传动中。

齿轮按其齿廓渐开螺旋面的旋向，可分为右旋和左旋两种，如图 9.49 所示。

2. 模数

如图 9.48 所示，p_t 为端面齿距，p_n 为法面齿距，$p_n=p_t\cos\beta$，因为 $p_n=\pi m_n=\pi m_t\cos\beta$，故斜齿轮法面模数与端面模数的关系为

$$m_n=m_t\cos\beta \qquad (9.36)$$

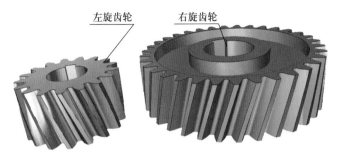

图9.49　左、右旋齿轮

3. 压力角

因斜齿轮和斜齿条啮合时，它们的法面压力角和端面压力角应分别相等，所以斜齿轮法面压力角 α_n 和端面压力角 α_t 的关系可通过斜齿条得到，如图9.50所示。即

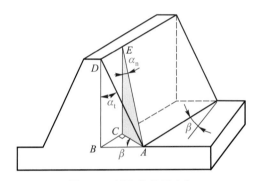

图9.50　斜齿条的压力角

$$\tan \alpha_n = AC / CE = AB \cdot \cos \beta / BD = \tan \alpha_t \cos \beta \qquad (9.37)$$

4. 齿顶高系数及顶隙系数

无论从法向或从端面来看，轮齿的齿顶高都是相同的，顶隙也是相同的，即

$$h_{an}^* m_n = h_{at}^* m_t, \quad c_n^* m_n = c_t^* m_t$$

5. 斜齿轮的几何尺寸计算

只要将直齿轮的几何尺寸计算公式中的各参数看作端面参数，就完全适用于平行轴标准斜齿轮传动的几何尺寸计算，具体计算公式见表9.14。

表 9.14　外啮合标准斜齿轮传动的几何尺寸计算

名称	符号	公式
螺旋角	β	（一般取8° ~ 20°）
基圆柱螺旋角	β_b	$\tan \beta_b = \tan \beta \cos \alpha_t$
法面模数	m_n	根据齿轮强度计算按表9.2取标准值
端面模数	m_t	$m_t = m_n / \cos \beta$

名称	符号	公式
法面压力角	a_n	$\alpha_n = 20°$
端面压力角	a_t	$\tan \alpha_t = \tan \alpha_n / \cos \beta$
分度圆直径	d	$d = m_t z = (m_n / \cos \beta) z$
基圆直径	d_b	$d_b = d \cos \alpha_t$
齿顶高	h_a	$h_a = h_{an}^* m_n$
齿根高	h_f	$h_f = (h_{an}^* + c_n^*) m_n$
全齿高	h	$h = h_a + h_f = (2h_{an}^* + c^*) m_n$
齿顶圆直径	d_a	$d_a = d + 2h_a$
齿根圆直径	d_f	$d_f = d - 2h_f$
法面齿距	p_n	$p_n = \pi m_n$
端面齿距	p_t	$p_t = \pi m_t = \pi m_n / \cos \beta = p_n / \cos \beta$
标准中心距	a	$a = \dfrac{1}{2}(d_1 + d_2) = \dfrac{m_t}{2}(z_1 + z_2) = \dfrac{m_n}{2\cos \beta}(z_1 + z_2)$
当量齿数	z_v	$z_v = z / \cos^3 \beta$

从表9.14中可以看出，斜齿轮传动的中心距与螺旋角 β 有关。当一对斜齿轮的模数、齿数一定时，可以通过改变螺旋角 β 的方法来凑配中心距。

9.12.3　标准斜齿轮的啮合条件

1. 正确啮合条件

斜齿轮在端面内的啮合相当于直齿轮的啮合。因此，斜齿轮传动螺旋角大小应相等，外啮合时旋向相反（"－"号），内啮合时旋向相同（"＋"号），同时斜齿轮的法向参数为标准值。所以其正确的啮合条件为

$$\left.\begin{array}{l} \alpha_{n1} = \alpha_{n2} = \alpha \\ m_{n1} = m_{n2} = m \\ \beta_1 = \pm\beta_2 \end{array}\right\} \tag{9.38}$$

2. 重合度

图9.51所示为斜齿轮与斜齿条在前端面的啮合情况。由从动轮前端面齿顶与主动轮前端面齿根接触点 A 开始啮合，至主动轮后端面齿顶与从动轮后端面齿根接触点 E 退出啮合。从图9.51b俯视图上可以看出，前端面开始脱离啮合时，后端面仍然处在啮合区，只有当后端面脱离啮合时，该对齿才终止啮合，实际啮合线长度为 FH。因此，斜齿轮传动的重合度为

$$\varepsilon = FG / p_t + GH / p_t = \varepsilon_a + b\tan \beta / p_t = \varepsilon_a + b\tan \beta / \pi m_t = \varepsilon_a + \varepsilon_\beta \tag{9.39}$$

式中，ε_a 为斜齿轮传动的端面重合度；$\varepsilon_\beta = b\tan \beta / p_t$ 称为斜齿轮传动的纵向重合度。

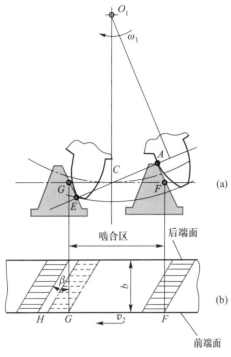

图9.51　斜齿轮与斜齿条在前端面的啮合情况

显然，β 增大，纵向重合度 ε_β 即随之增大，从而使重合度 ε 达到很大的值。

9.12.4 斜齿轮的当量齿数

加工斜齿轮时，铣刀是沿螺旋齿槽的方向进给的，所以法向齿形是选择铣刀号的依据。在计算斜齿轮轮齿的弯曲强度时，因为力是作用在法向的，所以也需要知道它的法向齿形。

图9.52所示为斜齿轮的分度圆柱，过任一齿厚中点 C 作垂直于分度圆柱螺旋线的法面 nn，此法面与分度圆柱的截交线为一椭圆，其长半轴 $a=r/\cos\beta$，短半轴 $b=r$；法向截面齿形即为斜齿轮的法向齿形。由于标准参数的刀具是过 C 点沿螺旋槽方向切制的，因此只有 C 点处的法向齿形参数与刀具标准参数最为接近，椭圆所截相邻齿的齿形均为非标准齿形。

以 C 点处曲率半径为虚拟齿轮的分度圆半径，以 C 点法向齿形为标准齿形，这样的虚拟齿轮称为该斜齿轮的当量齿轮（图9.53），其齿数为当量齿数，用 z_v 表示。

由解析几何可知，椭圆短半轴 C 点的曲率半径 $\rho_C=a^2/b$，将 $a=r/\cos\beta$ 及 $b=r$ 代入，可得 $\rho_C=r/\cos^2\beta$，所以，当量齿数为

$$z_v = \frac{2\pi\rho_C}{\pi m_n} = \frac{2r}{m_n\cos^2\beta} = \frac{m_t z}{m_n\cos^2\beta} = \frac{z}{\cos^3\beta} \tag{9.40}$$

当量齿数除用于斜齿轮弯曲强度计算及选择铣刀号外，在斜齿轮变位系数的选择及齿厚测量计算等处也有应用。

当量是指与特定或俗成的数值相当的量，用已知的或熟悉的来表述新的或者难以理

解的，也是我们处理新的量的一种方法。

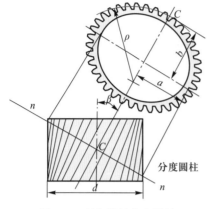

图9.52 斜齿轮的分度圆柱

图9.53 斜齿轮的当量齿轮示意图

正常齿压力角 $\alpha_n=20°$ 的标准斜齿轮，其不产生根切的最少齿数 z_{min} 计算如下。最少当量齿数 $z_{vmin}=17$，即

$$z_{vmin} = z_{min} / \cos^3 \beta = 17$$

所以
$$z_{min} = z_{vmin} \cos^3 \beta = 17 \cos^3 \beta \qquad (9.41)$$

若螺旋角 $\beta=15°$，则其不发生根切的最少齿数 $z_{min}=15.5$，取 $z=16$ 可不根切。由此可知，标准斜齿轮不发生根切的最少齿数比标准直齿轮少，其结构比直齿轮紧凑。

9.12.5 斜齿轮的受力分析

图9.54所示为斜齿轮的受力分析。当主动齿轮上作用转矩 T_1 时，若接触面的摩擦力忽略不计，由于轮齿倾斜，在切于基圆柱的啮合平面内，垂直于齿面的法向平面作用有法向力 F_n，法向压力角为 α_n。将 F_n 分解为径向分力 F_r 和法向分力 F_n'，再将 F_n' 分解为圆周力 F_t 和轴向力 F_a。则法向力 F_n 分解为三个互相垂直的空间分力。

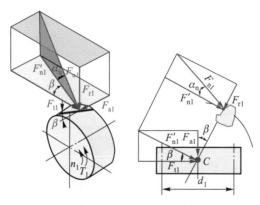

图9.54 斜齿轮的受力分析

由力矩平衡条件可得：

圆周力：$F_t = 2T_1 / d_1$ （9.42）

径向力：$F_r = F_n' \tan \alpha_n = F_t \tan \alpha_n / \cos \beta$ （9.43）

轴向力：$F_a = F_t \tan \beta$ （9.44）

法向力：$F_n = F_n' / \cos \alpha_n = F_t / (\cos \alpha_n \cos \beta)$

圆周力 F_t 的方向：在主动轮上与转动方向相反，在从动轮上与转向相同。

径向力 F_r 的方向：均指向各自的轮心。

轴向力 F_a 的方向：取决于齿轮的回转方向和轮齿的螺旋方向，可按"主动轮左、右手螺旋定则"来判断。即：主动轮为右旋时，右手按转动方向握轴，以四指弯曲方向表示主动轴的回转方向，伸直大拇指，其指向即为主动轮上轴向力的方向；主动轮为左旋时，则应以左手用同样的方法来判断。主动轮上轴向力的方向确定后，从动轮上的轴向力则与主动轮上的轴向力大小相等、方向相反。

主动轮所受各力的大小、方向确定后，从动轮轮齿的受力情况可根据作用力与反作用力原理方便地求得，归纳如下：

圆周力：$F_{t1} = 2T_1 / d_1 = -F_{t2}$

径向力：$F_{r1} = F_{t1} \tan \alpha_n / \cos \beta = -F_{r2}$

轴向力：$F_{a1} = F_{t1} \tan \beta = -F_{a2}$

9.12.6 斜齿轮的强度计算

斜齿轮的强度计算和直齿轮的计算相似，包括齿面的接触疲劳强度计算和齿根的弯曲疲劳强度计算，但它的受力情况是按轮齿的法向进行的。根据斜齿轮的传动特点，可按下列公式进行简化计算。

1. 齿面的接触疲劳强度计算

校核公式：

$$\sigma_H = 3.17 Z_E \sqrt{\frac{KT_1(i \pm 1)}{bd_1^2 i}} \leqslant [\sigma_H]$$ （9.45）

设计公式：

$$d_1 \geqslant \sqrt[3]{\frac{KT_1(i \pm 1)}{\psi_d i}\left(\frac{3.17 Z_E}{[\sigma_H]}\right)^2}$$ （9.46）

2. 齿根弯曲疲劳强度计算

校核公式：

$$\sigma_F = \frac{1.6KT_1}{bm_n d_1} Y_F Y_S = \frac{1.6KT_1 \cos \beta}{bm_n^2 z_1} Y_F Y_S \leqslant [\sigma_F]$$ （9.47）

设计公式：

$$m_n \geqslant 1.17 \sqrt[3]{\frac{KT_1 \cos^2 \beta}{\psi_d z_1^2 [\sigma_F]} Y_F Y_S}$$ （9.48）

公式中各符号的含义同直齿轮，其中 Y_F、Y_S 按当量齿数 $z_v = \dfrac{z}{\cos^3 \beta}$ 查表 9.12。

在应用式（9.47）和式（9.48）时应注意，由于大、小齿轮的 σ_F 和 $[\sigma_F]$ 均不可能相等，故进行轮齿弯曲疲劳强度校核时，大、小齿轮应分别进行计算。另外，$\dfrac{Y_{F1} Y_{S1}}{[\sigma_{F1}]}$ 和 $\dfrac{Y_{F2} Y_{S2}}{[\sigma_{F2}]}$ 的值可能不同，进行设计计算时应取两者较大的值代入。

例9.4　设计一斜齿轮减速器。该减速器用于重型机械上，由电动机驱动。已知传递的功率为 $P=50$ kW，小齿轮转速 $n_1=750$ r/min，传动比 $i=4$，载荷有中等冲击，单向运转，齿轮相对于轴承为对称布置，工作寿命为 12 年，单班制工作。

解　（1）选择齿轮材料及精度等级。

因传递功率较大，选用硬齿面齿轮组合。查表 9.7，小齿轮用 20Cr 渗碳淬火，硬度为 56 ~ 62 HRC；大齿轮用 40Cr 表面淬火，硬度为 48 HRC ~ 55 HRC。选择齿轮精度等级为 8 级。

（2）按齿根弯曲疲劳强度设计。

按斜齿轮传动的设计公式：

$$m_n \geq 1.17 \sqrt[3]{\dfrac{K T_1 \cos^2 \beta \, Y_F Y_S}{\psi_d z_1^2 [\sigma_F]}}$$

确定有关参数：

1）转矩 T_1：$T_1 = 9\,549 \times 10^3 \dfrac{P}{n_1} = 9\,549 \times 10^3 \times \dfrac{50}{750}$ N·mm $= 636\,600$ N·mm

2）载荷系数 K。查表 9.8，取 $K=1.4$。

3）齿数 z、螺旋角 β 和齿宽系数 ψ_d。因为是硬齿面传动，取 $z_1=17$，则

$$z_2 = i z_1 = 4 \times 17 = 68$$

初选螺旋角 $\beta=14°$。

当量齿数 z_v 为

$$z_{v1} = \dfrac{z_1}{\cos^3 \beta} = \dfrac{17}{\cos^3 14°} = 18.6$$

$$z_{v2} = \dfrac{z_2}{\cos^3 \beta} = \dfrac{68}{\cos^3 14°} = 74.4$$

由表 9.12 查得齿形系数：$Y_{F1} = 2.87, Y_{F2} = 2.23$。

由表 9.12 查得应力修正系数：$Y_{S1} = 1.535, Y_{S2} = 1.76$。

由表 9.10 选取 $\psi_d = \dfrac{b}{d_1} = 0.8$。

4）许用弯曲应力 $[\sigma_F]$。按图 9.42 查 σ_{Flim}，得 $\sigma_{Flim1}=920$ MPa，$\sigma_{Flim2}=750$ MPa。由表 9.11 查得 $S_F=1.4$。则

$$N_1 = 60 n j L_h = 60 \times 750 \times 1 \times (12 \times 52 \times 40) = 1.12 \times 10^9$$

$$N_2 = N_1 / i = 1.12 \times 10^9 / 4 = 2.8 \times 10^8$$

查图 9.43 得：$Y_{N1} = Y_{N2} = 1$。

由式（9.34）得：

$$[\sigma_{F1}] = \frac{Y_{N1}\sigma_{Flim}}{S_F} = \frac{1 \times 920}{1.4} \text{ MPa} = 657.14 \text{ MPa}$$

$$[\sigma_{F2}] = \frac{Y_{N2}\sigma_{Flim}}{S_F} = \frac{1 \times 750}{1.4} \text{ MPa} = 535.71 \text{ MPa}$$

$$\frac{Y_{F1}Y_{S1}}{[\sigma_{F1}]} = \frac{2.87 \times 1.535}{657.14} \text{ MPa}^{-1} = 0.006\,704 \text{ MPa}^{-1}$$

$$\frac{Y_{F2}Y_{S2}}{[\sigma_{F_2}]} = \frac{2.23 \times 1.76}{535.71} \text{ MPa}^{-1} = 0.007\,326 \text{ MPa}^{-1}$$

故

$$m_n \geq 1.17 \sqrt[3]{\frac{KT_1 \cos^2 \beta Y_F Y_S}{\psi_d z_1^2 [\sigma_F]}} = 1.17 \sqrt[3]{\frac{1.4 \times 636\,600 \times 0.007\,326 \times \cos^2 14°}{0.8 \times 17^2}} \text{ mm}$$
$$= 3.492 \text{ mm}$$

由表 9.2 取标准模数 $m_n = 4$ mm。

5）确定中心距 a 及螺旋角 β。传动的中心距 a 为

$$a = \frac{m_n(z_1 + z_2)}{2\cos\beta} = \frac{4 \times (17 + 68)}{2\cos 14°} \text{ mm} = 175.20 \text{ mm}$$

取 $a = 175$ mm。

确定螺旋角为

$$\beta = \arccos\frac{m_n(z_1 + z_2)}{2a} = \arccos\frac{4 \times (17 + 68)}{2 \times 175} = 13°43'45''$$

此值与初选 β 值相差不大，故不必重新计算。

（3）校核齿面接触疲劳强度。

$$\sigma_H = 3.17 Z_E \sqrt{\frac{KT_1(i+1)}{bd_1^2 i}} \leq [\sigma_H]$$

1）确定有关系数与参数：

① 分度圆直径 d 为

$$d_1 = \frac{m_n z_1}{\cos\beta} = \frac{4 \times 17}{\cos 13°43'45''} \text{ mm} = 70.00 \text{ mm}$$

$$d_2 = \frac{m_n z_2}{\cos\beta} = \frac{4 \times 68}{\cos 13°43'45''} \text{ mm} = 280.00 \text{ mm}$$

② 齿宽 b 为

$$b=\psi_d d_1=0.8\times 70.00\ \text{mm}=56.00\ \text{mm}$$

取 $b_2=60$ mm，$b_1=65$ mm。

2）许用接触应力 $[\sigma_H]$：

由图 9.39 查得 $\sigma_{Hlim1}=1\,500$ MPa，$\sigma_{Hlim2}=1\,220$ MPa。

由表 9.11 查得 $S_H=1.1$。

由图 9.40 得 $Z_{N1}=1$，$Z_{N2}=1.07$。

由式（9.30）可知

$$[\sigma_{H1}]=\frac{Z_{N1}\sigma_{Hlim1}}{S_H}=\frac{1\times 1\,500}{1.1}\text{MPa}=1\,363.6\ \text{MPa}$$

$$[\sigma_{H2}]=\frac{Z_{N2}\sigma_{Hlim2}}{S_H}=\frac{1.07\times 1\,220}{1.1}\text{MPa}=1186.7\ \text{MPa}$$

由表 9.9 查得弹性系数 $Z_E=189.8$，故

$$\sigma_H=3.17\times 189.8\sqrt{\frac{1.4\times 636\,600\times(4+1)}{60\times 70.00^2\times 4}}\ \text{MPa}=1\,171.2\ \text{MPa}$$

$\sigma_H<[\sigma_{H2}]$，齿面接触疲劳强度校核合格。

9.13　直齿锥齿轮传动

锥齿轮用于传递两相交轴的运动和动力，其传动可看成是两个锥顶共点的圆锥体相互做纯滚动，如图 9.55 所示。两轴交角 $\delta_\Sigma=\delta_1+\delta_2$ 由传动要求确定，可为任意值，常用轴交角 $\delta_\Sigma=90°$。锥齿轮有直齿、斜齿和曲线齿之分，其中直齿锥齿轮最常用，斜齿锥齿轮已逐渐被曲线齿锥齿轮代替。与圆柱齿轮相比，直齿锥齿轮的制造精度较低，工作时振动和噪声都较大，适用于低速轻载传动；曲线齿锥齿轮传动平稳，承载能力强，常用于高速重载传动，但其设计和制造较复杂。本书只讨论两轴相互垂直的标准直齿锥齿轮传动。

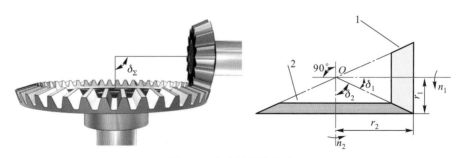

图 9.55　直齿锥齿轮传动

9.13.1　锥齿轮的齿廓、背锥和当量齿数

直齿锥齿轮的齿廓形成如图 9.56 所示，以半球截面的圆平面 S 为发生面，它与基圆

锥相切于 ON。ON 既是圆平面 S 的半径 R，又是基圆锥的锥矩 R，且圆心 O 又是基圆锥的锥顶。当发生面沿基圆锥做纯滚动时，该平面上任一点 B 的空间轨迹 BA 是位于以基圆锥 R 为半径的球面渐开线。因此，直齿锥齿轮的齿廓曲线为空间的球面渐开线，由于球面无法展开为平面，通常采用近似方法来解决。

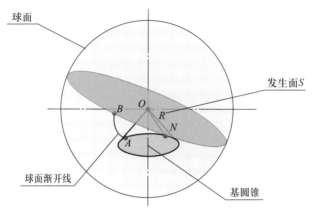

图 9.56 球面渐开线的形成

图 9.57 所示为锥齿轮的轴向半剖视图，$\triangle OAB$ 表示锥齿轮的分度圆锥。过点 A 作 $AO_1 \perp AO$ 交锥轮的轴线于点 O_1，以 OO_1 为轴线，O_1A 为母线作圆锥 O_1AB，这个圆锥称为背锥。在 A 点附近，因 $a'b'$ 与 $\overset{\frown}{ab}$ 相差极小，背锥面和球面非常接近，故可以近似地用背锥上的齿形来代替大端球面上的理论齿形，背锥面可以展开成平面，从而解决了锥齿轮的设计制造问题。

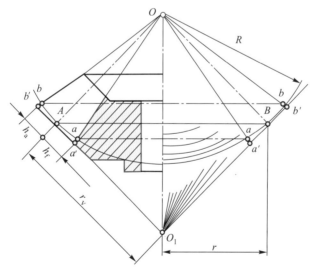

图 9.57 锥齿轮的背锥

图 9.58 所示为一对啮合的锥齿轮的轴向剖视图。将两背锥展成平面后得到两个扇形齿轮，扇形齿轮的模数、压力角、齿顶高、齿根高及齿数就是锥齿轮的相应参数，而扇形齿轮的分度圆半径 r_{v1} 和 r_{v2}，就是背锥的锥矩。将两扇形齿轮的轮齿补足，使其成为完

整的圆柱齿轮，那么它们的齿数将增大为z_{v1}和z_{v2}。这两个假想的直齿轮称为当量齿轮，其齿数为锥齿轮的当量齿数。由图 9.58 可知

$$r_{v1} = \frac{r_1}{\cos \delta_1} = \frac{mz_1}{2\cos \delta_1} \tag{9.49}$$

又$r_{v1} = \frac{1}{2}mz_{v1}$，所以

$$z_{v1} = \frac{z_1}{\cos \delta_1}, \quad z_{v2} = \frac{z_2}{\cos \delta_2} \tag{9.50}$$

式中，δ_1和δ_2分别为两锥轮的分度圆锥角。因为$\cos \delta_1$、$\cos \delta_2$总小于 1，所以当量齿数总大于锥齿轮的实际齿数，当量齿数不一定是整数。

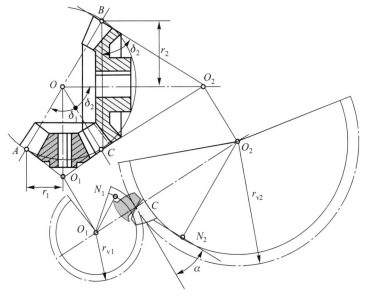

动画
锥齿轮的当量齿轮

图 9.58 锥齿轮的当量齿轮

当量齿轮在锥齿轮的制造和设计计算中有广泛应用。例如：一般精度的锥齿轮常采用仿形法加工，铣刀的号码应按当量齿数来选择；在齿根抗弯强度计算时，要按当量齿数来查取齿形因数。此外，标准直齿锥齿轮不发生根切的最少齿数z_{min}可通过当量齿数来计算，即$z_{min}=z_{vmin}\cos \delta$。

9.13.2 直齿锥齿轮的啮合条件

直齿锥齿轮传动的基本参数及几何尺寸是以轮齿大端为标准的。规定锥齿轮大端模数与压力角α为标准值。大端模数可由表 9.15 查取。

表 9.15 直齿锥齿轮模数（摘自 GB/T 12368—1990） mm

1	1.25	1.375	1.5	1.75	2	2.5	2.75	3	3.25	3.5
4	4.5	5	5.5	6	7	8	9	10	11	14

直齿锥齿轮的正确啮合条件为：两锥齿轮的大端模数和压力角分别相等且等于标准

值，即

$$m_1=m_2=m$$

$$\alpha_1=\alpha_2=\alpha$$

（9.51）

9.14 其他齿轮传动简介

9.14.1 圆弧齿轮传动

圆弧齿轮传动是一种新型齿轮传动，在冶金、采矿、起重运输机械等领域得到了广泛的应用。

圆弧齿轮是一种以圆弧做齿形的斜齿（或人字齿）轮。按照圆弧齿轮的齿形组成，圆弧齿轮传动可分为单圆弧齿轮传动（图9.59a）和双圆弧齿轮传动（图9.59b）两种形式。单圆弧齿轮传动的小齿轮做成凸圆弧形，大齿轮的轮齿做成凹齿，如图9.60a所示。双圆弧齿轮传动大、小齿轮均采用同一种齿形，如图9.60b所示。

(a)   (b)

图9.59 圆弧齿轮传动

AR
单圆弧齿轮传动

AR
双圆弧齿轮传动

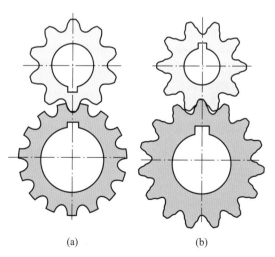

(a)   (b)

图9.60 圆弧齿轮的齿形

动画
单圆弧齿轮传动

动画
双圆弧齿轮传动

9.14.2　非圆齿轮传动简介

图 9.61 所示为非圆齿轮传动。非圆齿轮可以认为是圆齿轮的一种变形，即其波动节圆已变为非圆形，称之为节曲线。反之，也可以认为非圆齿轮是柱形齿轮的一种普遍情况，而圆齿轮是柱形齿轮的一种特例，即其节曲线的曲率半径为常量，而非圆齿轮节曲线的曲率半径是变量。由于非圆齿轮节曲线的曲率半径是变量，故由回转中心到啮合节点的向径也是变量。

(a)　　　　　　　　　　　　　　　　(b)

图 9.61　非圆齿轮传动

非圆齿轮传动在轻工业、重工业、仪器制造业等领域都有广泛的应用。如图 9.62 所示，在压制黏质纸浆、并将其包装成捆的卧式压力机中，使用了一对椭圆齿轮带动的曲柄连杆机构，以改变工作行程和空行程的时间比例，使工作行程时间加长，空行程时间缩短。

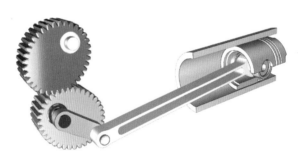

图 9.62　非圆齿轮传动的应用

9.15　齿轮的结构设计及润滑

齿轮的结构设计主要包括选择合理适用的结构形式，根据经验公式确定齿轮的轮毂、轮辐、轮缘等各部分的尺寸及绘制齿轮的零件工作图等。

9.15.1　常用齿轮结构形式

1. 齿轮轴

如图 9.63 所示，当圆柱齿轮的齿根圆至键槽底部的距离 $x \leqslant (2 \sim 2.5)m$ 或 $x \leqslant (2 \sim 2.5)m_n$，或当圆锥齿轮小端的齿根圆至键槽底部的距离 $x \leqslant (2 \sim 2.5)m$ 时，应将齿轮与轴制成一体，称为齿轮轴（图 9.64）。

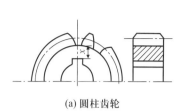

(a) 圆柱齿轮　　(b) 锥齿轮

图9.63　齿轮轴条件

图9.64　齿轮轴

2. 实体式齿轮

当齿轮的齿顶圆直径 $d_a \leqslant 200$ mm时，可采用实体式结构，如图9.65所示。这种结构的齿轮常用锻钢制造。

3. 腹板式齿轮

当齿轮的齿顶圆 $d_a=200 \sim 500$ mm时，可采用腹板式结构，如图9.66所示。这种结构的齿轮一般多用锻钢制造。

图9.65　实体式齿轮

图9.66　腹板式齿轮

4. 轮辐式齿轮

当齿轮的齿顶直径 $d_a > 500$ mm时，可采用轮辐式结构，如图9.67所示。这种结构的齿轮常采用铸钢或铸铁制造。

图9.67　轮辐式齿轮

9.15.2　齿轮传动的润滑

润滑可以减小摩擦、减轻磨损，同时可以起到冷却、防锈、降低噪声、改善齿轮的工作状态、延缓轮齿失效、延长齿轮使用寿命等作用。

1. 润滑方式

　　闭式齿轮传动润滑方式主要有浸油润滑和喷油润滑两种，通常根据齿轮的圆周速度来选用。

　　1）浸油润滑：当圆周速度 $v \leqslant 12$ m/s 时，一般将大齿轮浸入油池中进行润滑，如图9.68a所示。齿轮浸入油中的深度至少为10 mm，转速低时可浸深一些，但浸入过深则会增大运动阻力。对多级齿轮传动中，可采用带油轮将油带到未浸入油池内的齿轮齿面上，如图9.68b所示。浸油齿轮可将油甩到齿轮箱壁上，有利于散热。

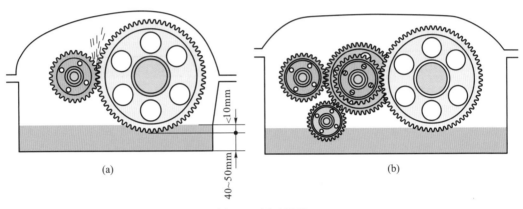

图9.68　浸油润滑

　　2）喷油润滑：当齿轮的圆周速度 $v > 12$ m/s 时，齿轮搅油剧烈，且黏附在齿廓面上的油易被甩掉，因此不宜采用浸油润滑，而应采用喷油润滑。即用油泵将具有一定压力的润滑油经喷油嘴喷到啮合的齿面上，如图9.69所示。

　　对于开式齿轮传动，由于其传动速度较低，通常采用人工定期加油润滑的方式。

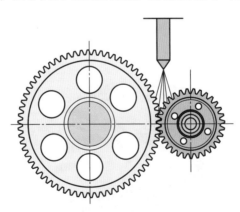

图9.69　喷油润滑

2. 润滑剂的选择

　　选择润滑油时，先根据齿轮的工作条件及圆周速度查得运动黏度值，再根据选定的黏度确定润滑油的牌号。

　　必须经常检查齿轮传动润滑系统的状况（如润滑油的油面高度等）。油面过低则润滑不良，油面过高会增加搅油功率的损失。对于压力喷油润滑系统还需检查油压状况，油压过低会造成供油不足；油压过高则可能是因为油路不畅通所致，需及时调整油压。

📖 思考与练习题

9.1 能够实现两轴转向相同的齿轮机构是什么机构？

9.2 渐开线有哪些性质？

9.3 当渐开线上的点远离基圆时，该点处的曲率半径将如何变化？

9.4 一对渐开线齿轮的基圆半径 r_b=60 mm，求：

（1）r_K=70 mm 时的渐开线的展角 θ_K，压力角 α_K 以及曲率半径 ρ_K。

（2）压力角 α=20° 的向径 r、展角 θ 及曲率半径 ρ。

9.5 决定渐开线齿轮齿廓形状的基本参数是什么？

9.6 如图9.70所示，A_1K_1、A_2K_2 为基圆 O 上两条渐开线，K_3N_1、K_1N_2 为两条发生线。证明：$K_1K_2=K_3K_4$。

9.7 作出图9.71所示渐开线上 K 点的曲率半径。

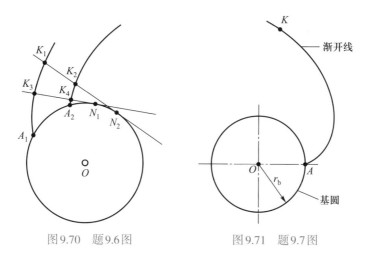

图9.70 题9.6图   图9.71 题9.7图

9.8 对于齿条，不同齿高上的齿距和压力角是否相同？

9.9 齿轮齿廓上哪一点的压力角为标准值？哪一点的压力角最大？哪一点的压力角最小？

9.10 分度圆与节圆、压力角与啮合角各有什么不同？在什么条件下，分度圆与节圆重合、压力角与啮合角相等？

9.11 正常齿制标准直齿轮的全齿高等于 9 mm，求该齿轮的模数 m。

9.12 一渐开线齿轮，z=26，m=3 mm，求其齿廓曲线在分度圆及齿顶圆上的曲率半径及齿顶圆压力角。

9.13 一个渐开线标准直齿轮，当齿数为多少时，齿根圆大于基圆？

9.14 一对标准齿轮啮合传动，大、小两轮的齿根圆齿厚相比较结论是什么？

9.15　一外啮合标准直齿轮机构，已知 $z_1=20$，$z_2=40$，中心距 $a=90$ mm。求小齿轮的分度圆直径 d_1。

9.16　一对标准圆柱齿轮的模数为4 mm，齿数 $z_1=18$，$z_2=36$，试问正确安装的中心距为多少？

9.17　一对标准外啮合直齿轮传动，已知 $z_1=19$，$z_2=68$，$m=2$ mm，$\alpha=20°$，计算小齿轮的分度圆直径、齿顶圆直径、齿根圆直径、基圆直径、齿距以及齿厚和齿槽宽。

9.18　一对标准外啮合直齿轮传动，$m=5$ mm，$\alpha=20°$，$i_{12}=3$，中心距 $a=200$ mm，求两齿轮的齿数 z_1、z_2。

9.19　有四个标准直齿轮：① $m_1=2$ mm，$z_1=30$；② $m_2=2$ mm，$z_2=55$；③ $m_3=2$ mm，$z_3=110$；④ $m_4=4$ mm，$z_4=55$。其中哪几个齿轮可以用同一把滚刀加工？

9.20　某车间有模数为 2 mm、3 mm、4 mm 及 5 mm 的滚刀，现在要制造中心距为 180 mm、传动比 $i=3$ 的标准直齿轮机构。试分析该车间能生产几对符合此要求的齿轮？

9.21　用齿条插刀展成法加工一渐开线齿轮，基本参数为：$h_a^*=1$，$c^*=0.25$，$a=200$ mm，$m=4$ mm。若刀具移动速度为 $v_{刀}=0.002$ m/s。试求：切制 $z=15$ 的标准齿轮时，刀具中线与轮齿中心的距离 L 应为多少？被加工齿轮转速 n_1 应为多少？

9.22　齿轮的失效形式有哪些？采取什么措施可以减缓失效发生？

9.23　齿轮强度计算准则是如何确定的？

9.24　对齿轮的材料要求是什么？常用齿轮材料有哪些？

9.25　软齿面齿轮为何应使小齿轮的硬度比大齿轮高20 HBW ~ 50 HBW？硬齿面齿轮是否也需要有硬度差？

9.26　为何要使小齿轮比配对大齿轮宽5 ~ 10 mm？

9.27　斜齿轮的当量齿轮是如何做出的？其当量齿数 z_v 在强度计算中有何区别？

9.28　已知一对斜齿轮传动，$z_1=25$，$z_2=100$，$m_n=4$ mm，$\beta=15°$，$\alpha=20°$。试计算这对斜齿轮的主要几何尺寸。

9.29　齿轮传动有哪些润滑方式？如何选择润滑方式？

9.30　进行齿轮结构设计时，齿轮轴适用于什么情况？

9.31　设计一单级直齿轮减速器齿轮传动，已知传递的功率为4 kW，小齿轮转速 $n_1=450$ r/min，传动比 $i=3.5$，载荷平稳，使用寿命为5年。

9.32　图9.72所示为二级斜齿轮减速器。已知主动轮1的螺旋角及转向，为了使装有齿轮2和齿轮3的中间轴的轴向力较小，试确定齿轮2、3、4的轮齿螺旋角旋向和各齿轮产生的轴向力的方向。

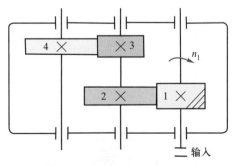

图9.72　题9.32图

第10章

10

蜗 杆 传 动

蜗杆传动是一种应用广泛的机械传动形式。本章简要介绍蜗杆传动的常见类型、传动特点和应用场合，分析蜗杆传动的效率、润滑和热平衡问题，讨论蜗杆、蜗轮的材料和结构，给出了蜗杆传动的基本设计方法。

10.1 蜗杆传动的特点和类型

10.1.1 蜗杆传动的特点

蜗杆传动用于在交错轴间传递运动和动力，如图10.1所示。蜗杆传动由蜗杆和蜗轮组成，一般蜗杆为主动件，通常交错角为90°。蜗杆传动广泛用于各种机械和仪表中，常用作减速，仅少数机械，如内燃机增压器等，蜗轮为主动件，用于增速。

圆柱蜗杆是具有单个或多个螺旋齿的斜齿轮，形状像圆柱形螺纹；蜗轮形状像斜齿轮，只是它的轮齿沿齿长方向弯曲成圆弧形，以便与蜗杆更好地啮合。

蜗杆和螺纹一样有右旋和左旋之分，分别

图10.1　蜗杆传动

称为右旋蜗杆和左旋蜗杆，区分方法同螺纹。蜗杆上只有一条螺旋线的称为单头蜗杆，即蜗杆转一周，蜗轮转过一个齿；若蜗杆上有两条螺旋线，就称为双头蜗杆，即蜗杆转一周，蜗轮转过两个齿。依此类推，设蜗杆头数为z_1（一般$z_1 = 1 \sim 4$），蜗轮齿数为z_2，则传动比i为

$$i = \frac{n_1}{n_2} = \frac{z_2}{z_1} \tag{10.1}$$

式中，n_1、n_2分别是蜗杆、蜗轮的转速（r/min）。

蜗杆传动具有以下优点：

（1）传动比大，结构紧凑。从传动比公式可以看出，当$z_1 = 1$，即蜗杆为单头时，蜗杆须转z_2周蜗轮才转一周。一般在动力传动中，取传动比$i = 10 \sim 80$；在分度机构中，i可达1 000。因此蜗杆传动结构紧凑、体积小、重量轻。

（2）传动平稳，噪声小。因为蜗杆齿是连续不间断的螺旋齿，它与蜗轮齿啮合时是连续不断的，蜗杆齿无啮入和啮出的过程，因此工作平稳，冲击、振动、噪声小。

（3）具有自锁性能。当蜗杆的蜗旋升角很小时，蜗杆带动蜗轮传动，而蜗轮不能带动蜗杆转动。

蜗杆传动也有以下缺点：

（1）效率低，一般蜗杆传动效率比齿轮传动低。尤其是具有自锁性的蜗杆传动，其效率在50%以下，一般效率只有70% ~ 90%。

（2）发热量大，齿面容易磨损，成本高。因为工作齿面有较大的相对滑动，造成摩擦发热，所以需要有良好的润滑和散热装置。同时为了减少磨损，需要较高的齿面质量，并采用减摩性能良好的有色金属材料制造蜗轮。

10.1.2　蜗杆传动的类型

蜗杆传动种类繁多，常用的蜗杆传动分类如下：

根据蜗杆形状的不同可分为圆柱蜗杆传动（图10.2a）、环面蜗杆传动（图10.2b）和锥蜗杆传动（图10.2c）。

AR
圆柱蜗杆
传动

AR
环面蜗杆
传动

AR
锥蜗杆传动

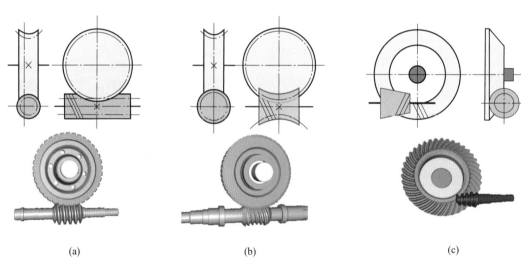

(a)　　　　　　　　　　(b)　　　　　　　　　　(c)

图10.2　蜗杆形状分类

普通圆柱蜗杆传动分为阿基米德圆柱蜗杆（ZA蜗杆）传动、渐开线圆柱蜗杆（ZI蜗杆）传动、法向直廓蜗杆（ZN蜗杆）传动和锥面包络蜗杆（ZK蜗杆）传动。国家标准推荐采用ZI和ZK蜗杆。

阿基米德圆柱蜗杆（ZA蜗杆）如图10.3所示，在垂直于蜗杆轴线的截面内齿廓为阿基米德螺旋线，轴向齿廓为直线，法向齿廓为外凸曲线。这种蜗杆可在车床上用直刃车刀车制（如同切削梯形螺纹），加工方便，但难以磨齿，精度较低，一般用于头数较少、载荷较小、不太重要的传动。

渐开线圆柱蜗杆（ZI蜗杆）如图10.4所示，蜗杆齿面为渐开线螺旋面，端面齿廓为渐开线，通常蜗杆用车床加工，也可用齿轮滚刀滚制，并可磨削，精度易保证。渐开线圆柱蜗杆传动适用于高速大功率和较精密的传动。

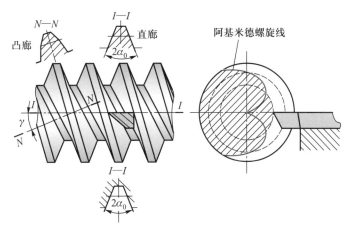

图 10.3　阿基米德圆柱蜗杆

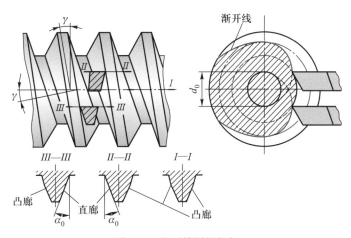

图 10.4　渐开线圆柱蜗杆

10.2　蜗杆传动的基本参数

1. 模数 m 和压力角 α

　　垂直于蜗轮轴线并包含啮合蜗杆轴线的平面称为中平面，如图 10.5 所示。在中平面上，蜗杆与蜗轮的啮合相当于齿条和齿轮啮合。阿基米德圆柱蜗杆传动中平面上的齿廓为直线，夹角为 $2\alpha=40°$，蜗轮在中平面上齿廓为渐开线，压力角等于 $20°$。

　　显然，蜗杆轴向齿距 p_{a1}（相当于螺纹螺距）应等于蜗轮端面齿距 p_{t2}，因而蜗杆轴向模数 m_{a1} 必等于蜗轮端面模数 m_{t2}，蜗杆轴向压力角 α_{a1} 必等于蜗轮端面压力角 α_{t2}，即 $m_{a1}=m_{t2}=m$，$\alpha_{a1}=\alpha_{t2}=\alpha$。标准规定压力角 $\alpha=20°$，标准模数值见表 10.1。

2. 蜗杆标准直径 d_1

　　为了保证蜗杆与蜗轮正确啮合，蜗轮通常用与蜗杆形状和尺寸完全相同的滚刀加工，区别在于蜗轮滚刀有刃槽，且外径比蜗杆稍大，以便切出蜗杆传动的顶隙。也就是说，切削蜗轮的滚刀不仅与蜗杆模数和压力角一样，而且其头数和分度圆直径还必须与蜗杆的头数和分度圆直径一样，即同一模数的蜗轮将需要有许多把直径和头数不同的滚刀。为了限制滚刀数目和有利于滚刀标准化，以降低成本，特制定了蜗杆分度圆直径系列国家标准，即蜗杆分度圆直径d_1与模数m有一定的搭配关系，见表10.1。由表可见，同一模数只有有限几种蜗杆分度圆直径d_1。

动画
基本参数
（中平面）

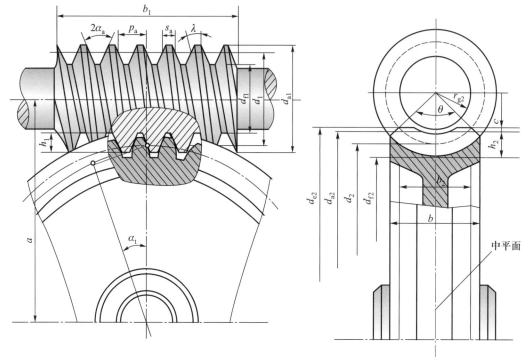

图 10.5　蜗杆传动的基本参数和几何尺寸

表 10.1　模数 m 及蜗杆分度圆直径 d_1 搭配值

模数 m/mm	分度圆直径 d_1/mm	蜗杆头数 z_1	直径系数 q	$m^2 d_1$/mm³	模数 m/mm	分度圆直径 d_1/mm	蜗杆头数 z_1	直径系数 q	$m^2 d_1$/mm³
1	18	1	18.000	18	2.5	45	1	18.000	281
1.25	20	1	16.000	31.25	3.15	（28）	1，2，4	8.889	278
	22.4	1	17.920	35		35.5	1，2，4，6	11.270	352
1.6	20	1，2，4	12.500	51.2		45	1，2，4	14.286	447.5
	28	1	17.500	71.68		56	1	17.778	556
2	（18）	1，2，4	9.000	72	4	（31.5）	1，2，4	7.875	504
	22.4	1，2，4，6	11.200	89.6		40	1，2，4，6	10.000	640
	（28）	1，2，4	14.000	112		（50）	1，2，4	12.500	800
	35.5	1	17.750	142		71	1	17.750	1 136
2.5	（22.4）	1，2，4	8.960	140	5	（40）	1，2，4	8.000	1 000
	28	1，2，4，6	11.200	175		50	1，2，4，6	10.000	1 250
	（35.5）	1，2，4	14.200	221.9		（63）	1，2，4	12.600	1 575

续表

模数 m/mm	分度圆直径 d_1/mm	蜗杆头数 z_1	直径系数 q	$m^2 d_1$/mm³	模数 m/mm	分度圆直径 d_1/mm	蜗杆头数 z_1	直径系数 q	$m^2 d_1$/mm³
5	90	1	18.000	2 250	12.5	（140）	1，2，4	11.200	21 875
6.3	（50）	1，2，4	7.936	1 985		200	1	16.000	31 250
	63	1，2，4，6	10.000	2 500	16	（112）	1，2，4	7.000	28 672
	（80）	1，2，4	12.698	3 175		140	1，2，4	8.750	35 840
	112	1	17.778	4 445		（180）	1，2，4	11.250	46 080
8	（63）	1，2，4	7.878	4 032		250	1	15.625	64 000
	80	1，2，4，6	10.000	5 376	20	（140）	1，2，4	7.000	56 000
	（100）	1，2，4	12.500	6 400		160	1，2，4	8.000	64 000
	140	1	17.500	8 960		（224）	1，2，4	11.200	89 600
10	（71）	1，2，4	7.100	7 100		315	1	15.750	126 000
	90	1，2，4，6	9.000	9 000	25	（180）	1，2，4	7.200	112 500
	（112）	1，2，4	11.200	11 200		200	1，2，4	8.000	125 000
	160	1	16.000	16 000		（280）	1，2，4	11.200	175 000
12.5	（90）	1，2，4	7.200	14 062		400	1	16.000	250 000
	112	1，2，4	8.960	17 500					

将蜗杆的分度圆柱展开，如图10.6所示。蜗杆转动一周的周长为 πd_1，沿轴线移动距离为 $z_1 p_{a1}$（p_{a1} 为蜗杆轴向齿距），则有

$$\tan \gamma = \frac{z_1 p_{a1}}{\pi d_1} = \frac{z_1 \pi m}{\pi d_1} = \frac{z_1 m}{d_1} = \frac{z_1}{q} \qquad (10.2)$$

$$q = \frac{d_1}{m} = \frac{z_1}{\tan \gamma} \qquad (10.3)$$

式中，q 为蜗杆分度圆直径与模数的比值，称为蜗杆直径系数，参见表10.1。

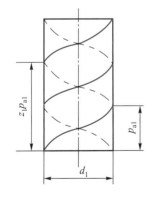
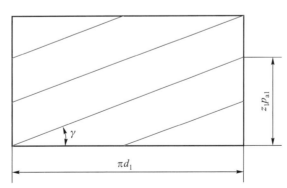

图10.6　蜗杆的分度圆柱展开图

动画
蜗杆的分度
圆柱展开图

3. 蜗杆螺旋升角 γ 与蜗轮螺旋角 β

一对蜗杆蜗轮啮合时,蜗轮螺旋角 β 与蜗杆螺旋升角 γ 大小相等,且旋向相同,才能吻合一致,即 $\gamma=\beta$。

由以上讨论可知:蜗杆传动的正确啮合条件为

$$\begin{cases} m_{a1} = m_{t2} = m \\ \alpha_{a1} = \alpha_{t2} = \alpha \\ \gamma = \beta \end{cases} \tag{10.4}$$

4. 蜗杆头数 z_1 和蜗轮齿数 z_2

蜗杆头数越多,γ 角越大,传动效率越高;蜗杆头数少,升角 γ 也小,则传动效率低,自锁性好。一般自锁蜗杆头数取 z_1=1。常用蜗杆头数 z_1=1、2、4,z_1 过多,制造高精度蜗杆和蜗轮滚刀有困难。

蜗轮齿数 $z_2=iz_1$。z_1 和 z_2 推荐值见表10.2。为了避免根切,z_2 不应少于26,但也不宜大于60 ~ 80。z_2 过多时,会使结构尺寸过大,蜗杆支承跨距加大,刚度下降,影响啮合精度。

表 10.2　蜗杆头数 z_1、蜗轮齿数 z_2 推荐值

传动比 $i=z_2/z_1$	7 ~ 13	14 ~ 27	28 ~ 40	>40
蜗杆头数 z_1	4	2	2、1	1
蜗轮齿数 z_2	28 ~ 52	28 ~ 54	28 ~ 40	>40

5. 传动比 i 和中心距 a

对于减速蜗杆传动:

$$i = \frac{n_1}{n_2} = \frac{z_2}{z_1} = \frac{d_2}{d_1 \tan \gamma} \tag{10.5}$$

式中,n_1 和 n_2 分别为蜗杆和蜗轮的转速(r/min)。

对于单级动力蜗杆传动,i=5 ~ 80,常取 15 ~ 50。普通圆柱蜗杆减速装置传动比 i 的公称值,推荐按下列数值选取:5、7.5、10、12.5、15、20、25、30、40、50、60、70、80,其中10、20、40和80为基本传动比,应优先采用。

10.3　蜗杆传动的失效形式、材料和结构

10.3.1　蜗杆传动齿面间的滑动速度

蜗杆与蜗轮齿廓在节点处有较大的相对滑动速度 v_s,其方向沿蜗杆螺旋线的切线方向。

如图10.7所示,v_1 为蜗杆的圆周速度,v_2 为蜗轮的圆周速度,v_s 的大小为

$$v_s = \sqrt{v_1^2 + v_2^2} = \frac{v_1}{\cos \lambda} \tag{10.6}$$

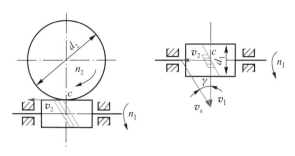

图 10.7　蜗杆传动的滑动速度

滑动速度 v_s 对蜗杆传动有很大影响。当润滑条件较差时，滑动速度大，会加快磨损，摩擦发热严重而发生胶合；润滑条件好时，增大 v_s，有利于油膜形成，摩擦系数 f_v 反而下降，磨损情况得以改善，从而提高啮合效率和抗胶合能力。

10.3.2　蜗杆传动的失效形式

在蜗杆传动中，由于材料和结构上的原因，蜗杆螺旋部分的强度总是高于蜗轮轮齿强度，所以失效常发生在蜗轮轮齿上。由于蜗杆传动中的相对速度较大，效率低，发热量大，所以蜗杆传动的主要失效形式是蜗轮齿面胶合、点蚀及磨损。

10.3.3　蜗杆、蜗轮的常用材料

蜗杆材料一般用碳钢或合金钢制成。为了提高其耐磨性，通常要求蜗杆淬火后磨削或抛光。

蜗轮材料常用青铜。锡青铜具有良好的耐磨性和抗胶合能力，但抗点蚀能力低，价格较高，用于滑动速度 $v_s > 5$ m/s 的重要传动。铝铁青铜、锰青铜等机械强度高，价格低，但耐磨性和抗胶合能力稍差，适用于 $v_s \leq 5$ m/s 的场合。对于 $v_s \leq 2$ m/s 且效率要求也不高的蜗杆传动，蜗轮材料可用灰铸铁。

10.3.4　蜗杆、蜗轮的结构

1. 蜗杆的结构

蜗杆与轴常做成一体，称为蜗杆轴，如图 10.8 所示。

图 10.8　蜗杆轴

2. 蜗轮的结构

蜗轮的结构分为整体式和组合式。铸铁蜗轮或直径小于 100 mm 的青铜蜗轮做成整体式，如图 10.9a 所示。为了降低材料成本，大多数蜗轮采用组合结构，齿圈用青铜，

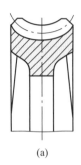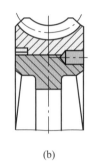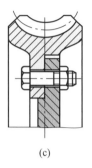
而轮芯用价格较低的铸铁或钢制造。齿圈与轮芯的连接方式有以下三种：

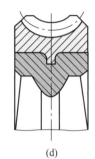

（a）　　　　　　（b）　　　　　　（c）　　　　　　（d）

图 10.9　蜗轮的结构

（1）压配式。齿圈和轮芯用过盈配合连接，配合面处制有定位凸肩。为使连接更可靠，可加装 4～6 个螺钉，拧紧后切去螺钉头部。由于青铜较软，为避免将孔钻偏，应将螺孔中心线向较硬的轮芯偏移 2～3 mm，这种结构多用于尺寸不大或工作温度变化较小的场合（图 10.9b、图 10.10）。

（2）螺栓连接式。蜗轮齿圈和轮芯常用加强杆螺栓连接，定位面处采用过盈配合，螺栓与孔采用过渡配合。齿圈和轮芯的螺栓孔要一起铰制，螺栓数目由剪切强度确定。这种连接方式装拆方便，常用于尺寸较大或磨损后需要更换齿圈的蜗轮（图 10.9c）。

（3）组合浇注式。在轮芯上预制出榫槽，浇注上青铜轮缘并切齿（图 10.9d）。该结构适于大批生产。

图 10.10　压配蜗轮

10.4　蜗杆传动的设计计算

10.4.1　蜗杆传动的转动方向判断与受力分析

1. 蜗杆传动的转动方向判断

　　根据蜗杆的转动方向和螺旋线旋向，应用左、右手定则可判断蜗轮的转动方向。如图 10.11a 所示，当蜗杆的螺旋线为右旋时，则使用右手定则判断，4 个手指顺着蜗杆转动方向握起来，让拇指与蜗杆轴线一致，其反方向即是蜗轮在节点处的速度方向，也是蜗轮转动方向。当蜗杆的螺旋线为左旋时，则用左手按相同的方法判断，如图 10.11b 所示。

2. 蜗杆传动的受力分析

　　如图 10.12 所示，蜗杆传动时，齿面间相互作用的法向力 F_n 可分解为三个相互垂直的分力：切向力 F_t、径向力 F_r 和轴向力 F_a。蜗杆、蜗轮所受各分力大小和相互关系如下：

$$\begin{cases} F_{t1} = -F_{a2} = 2T_1 / d_1 \\ F_{t2} = -F_{a1} = 2T_2 / d_2 \\ F_{r2} = -F_{r1} = F_{t2} \tan \alpha \end{cases} \quad (10.7)$$

式中，F_{t1}、F_{a1}、F_{r1} 分别为蜗杆所受的切向力、轴向力、径向力；F_{t2}、F_{a2}、F_{r2} 分别为蜗轮所受

的切向力、轴向力、径向力;d_1、d_2 分别为蜗杆、蜗轮的分度圆直径;α 为压力角;T_1、T_2 分别为蜗杆和蜗轮的转矩,$T_2=T_1 i \eta$,i 为传动比,η 为蜗杆传动的总效率。

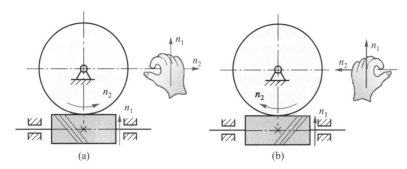

图 10.11 蜗杆传动的转动方向判断

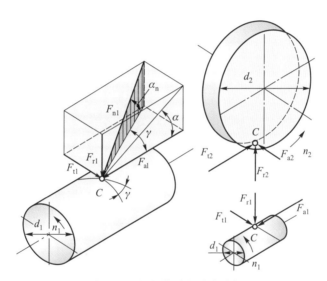

图 10.12 蜗杆传动的受力分析

蜗杆、蜗轮上各分力方向的判定方法如下:① 切向力方向:蜗杆与其运动方向相反,蜗轮与其受力点运动方向相同;② 径向力:各自指向轮心;③ 轴向力:蜗杆的轴向力 F_{a1} 方向与蜗轮的切向力 F_{t2} 方向相反,蜗轮轴向力 F_{a2} 方向与蜗杆的切向力 F_{t1} 方向相反。

10.4.2 蜗杆传动的强度计算

蜗轮齿面接触疲劳强度计算主要是为了防止齿面产生点蚀。钢蜗杆与青铜或灰铸铁蜗轮配对时,齿面接触疲劳强度公式如下:

校核公式:
$$\sigma_H = 500 \sqrt{\frac{KT_2}{G d_1 d_2^2}} \leq [\sigma_{H2}] \tag{10.8}$$

设计公式:
$$m^2 d_1 \geq \frac{KT_2}{G} \left(\frac{500}{z_2 [\sigma_{H2}]} \right)^2 \tag{10.9}$$

式中，K 为载荷系数，用以考虑载荷集中和动载荷的影响，一般 $K=1.1 \sim 1.4$。当载荷平稳、蜗轮圆周速度 $v_2 \leqslant 3$ m/s 和 7 级以上精度时，取较小值，否则取较大值；$[\sigma_{H2}]$ 为蜗轮许用接触应力（MPa）；G 为承载能力提高系数，对于普通圆柱蜗杆传动 $G=1$，对于圆弧圆柱蜗杆传动 $G=1.10 \sim 3.9$，当中心距 a 和蜗轮齿数 z_2 较小时 G 取较大值；其他符号意义和单位同前。

具体计算步骤和方法参阅《机械设计手册》。

10.5　蜗杆传动的润滑

1. 润滑方式

蜗杆传动一般用油润滑。润滑方式有油浴润滑和喷油润滑两种。一般 $v_1 < 10$ m/s 的中、低速蜗杆传动，大多采用油浴润滑；$v_1 > 10$ m/s 的高速蜗杆传动，采用喷油润滑，这时仍应使蜗杆或蜗轮少量浸油。

2. 润滑油的选用

一般根据蜗轮蜗杆的相对滑动速度、载荷类型参照表 10.3 选择润滑油的运动黏度和给油方式。对于一般蜗杆传动，可采用极压齿轮油；对于大功率重要蜗杆传动，应采用专用蜗轮蜗杆油。目前我国已生产出蜗杆传动专用润滑油，如合成极压蜗轮蜗杆油、复合蜗轮蜗杆油等。

表 10.3　蜗杆传动的常用润滑方式

滑动速度 v_s（m/s）	< 1	< 2.5	< 5	> 5 ~ 10	> 10 ~ 15	> 15 ~ 25	> 25
工作条件	重载	重载	中载				
黏度 $v_{40℃}$/（mm²/s）	900	500	350	220	150	100	80
给油方式	油池润滑			油池润滑、喷油	压力喷油润滑及其压力/MPa		
					0.07	0.2	0.3

3. 润滑油的更换

蜗杆减速器每运转 2 000 ~ 4 000 h 应换新油。更换润滑油时应注意：不同厂家、不同牌号的油不要混用，换新油时，应将箱体内原来牌号的油清洗干净。

通过齿轮传动和蜗杆传动的特点对比，说明世界上的万事万物都有各自的优缺点，"尺有所短，寸有所长，金无足赤，人无完人"讲的就是这个道理。

思考与练习题

10.1　简述蜗杆传动的特点。

10.2　蜗杆分度圆直径 d_1 与模数 m 需有一定的搭配关系的目的是什么？

10.3　蜗杆传动最主要的失效形式是蜗轮轮齿折断吗？

10.4　标出图 10.13 中未标注的蜗杆和蜗轮的旋向及转向，并标出各自的三个分力的方向。

10.5　图 10.14 所示为印刷机上着墨装置。蜗杆转动带动蜗轮，利用蜗轮轴的偏心调整着墨辊与串墨辊之间的间隙，从而调整着墨梁量。试分析采用蜗杆转动调整着墨梁量的原因。

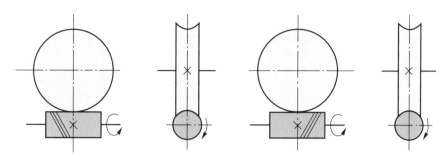

图 10.13　题 10.4 图

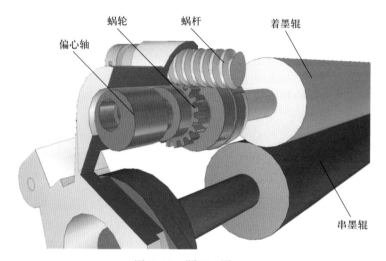

图 10.14　题 10.5 图

第11章

11

齿 轮 系

在实际机械中，为了满足各种不同的需要，常采用一系列由齿轮组成的传动系统。这种由一系列相互啮合的齿轮（包括蜗杆、蜗轮）组成的传动系统即为齿轮系，即若干齿轮副的任意组合，简称轮系。本章重点讨论常见齿轮系传动比的计算方法，简要分析齿轮系的功能和应用。

11.1 齿轮系及其分类

齿轮系可以分为两种基本类型：定轴齿轮系和行星齿轮系。

11.1.1 定轴齿轮系

传动时所有齿轮的回转轴线固定不变的齿轮系，称为定轴齿轮系。定轴齿轮系是最基本的轮系，应用很广。

由轴线互相平行的圆柱齿轮组成的定轴齿轮系，称为平面定轴齿轮系，如图11.1所示。

包含有相交轴齿轮、相错轴齿轮或蜗杆传动的定轴齿轮系，称为空间定轴齿轮系，如图11.2所示。

AR
平面定轴齿轮系

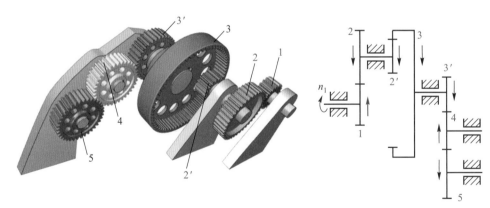

图11.1 平面定轴齿轮系

11.1.2 行星齿轮系

有一个或一个以上的齿轮除绕自身轴线自转外，其轴线又绕另一个轴线转动的齿轮系，称为行星齿轮系，如图11.3所示。

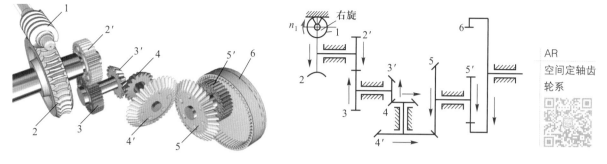

图 11.2 空间定轴齿轮系

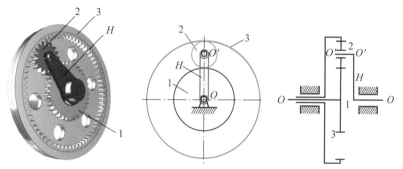

1、3—中心轮；2—行星轮；H—行星架

图 11.3 行星齿轮系

行星齿轮系是由中心轮、行星架和行星轮三种基本构件组成的。既绕自身轴线（轴线 $O'O'$）自转又绕另一固定轴线（轴线 OO）公转的齿轮 2 称为行星轮。支承行星轮做自转并带动行星轮做公转的构件 H 称为行星架（转臂）。轴线固定的中心轮 1、3 则称为中心轮或太阳轮。显然，行星齿轮系中行星架与两中心轮的几何轴线必须重合，否则无法运动。

行星齿轮系又可分为简单行星齿轮系和差动齿轮系。

若中心轮 3（或中心轮 1）固定，机构工作时只需一个主动件，这种行星齿轮系称为简单行星齿轮系，如图 11.4 所示；若中心轮 1、3 均绕固定轴线转动，机构工作时需要两个主动件，这种行星齿轮系称为差动齿轮系，如图 11.3 所示。

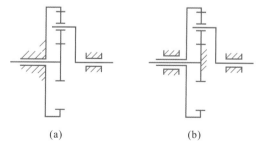

(a)   (b)

图 11.4 简单行星齿轮系

行星传动系与定轴齿轮系传动相比，具有体积小、重量轻、传动比范围大、效率高和工作平稳等优点。

　　始端主动轮与末端从动轮的角速度比值，称为齿轮系的传动比，用 i 表示，并在 i 右下角用两个角标来表示对应的齿轮，例如 i_{1K} 表示齿轮系中轮1与轮 K 的传动比；如果 K 超过9或表示比较特别的，可以用 $i_{1,K}$ 表示。

　　在进行齿轮系传动比计算时，除计算传动比大小外，一般还要确定首、末轮的转向关系。

11.2.1　一对齿轮传动的传动比计算及主、从动轮转向关系

1. 传动比大小

　　圆柱齿轮传动、锥齿轮传动、蜗杆传动的传动比均可用下式表示：

$$i_{12} = \frac{\omega_1}{\omega_2} = \frac{n_1}{n_2} = \frac{z_2}{z_1} \tag{11.1}$$

式中，1为主动轮；2为从动轮。

　　对于齿轮齿条传动，若 ω_1 表示齿轮1的角速度，d_1 表示齿轮1的分度圆直径，v_2 表示齿条的移动速度，存在以下关系：

$$v_2 = \frac{1}{2} d_1 \omega_1 \tag{11.2}$$

2. 主、从动轮之间的转向关系

　　（1）画箭头法（图11.5）。

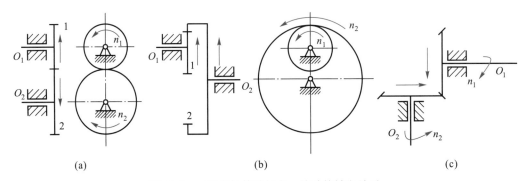

图11.5　一对齿轮传动的主、从动轮转向关系

　　各种类型的齿轮传动，主、从动轮的转向关系均可用标箭头的方法确定。

　　1）圆柱齿轮传动：外啮合时，主、从动轮转向相反，故表示其转向的箭头方向或相向方向或相背；内啮合时，主、从动轮转向相同，故表示其转向的箭头方向一致。

　　2）锥齿轮传动：与圆柱齿轮传动相似，箭头应同时指向啮合点或背离啮合点。

　　3）蜗杆传动：蜗杆与蜗轮之间的转向关系按左（右）手定则确定，同样可用画箭头法表示。

　　4）齿轮齿条传动：齿轮与齿条之间的转向关系可用画箭头法表示。

（2）"±"方法。

对于圆柱齿轮传动，从动轮与主动轮的转向关系可直接在传动比公式中表示，即

$$i_{12} = \pm \frac{z_2}{z_1} \qquad (11.3)$$

其中"+"号表示主、从动轮转向相同，用于内啮合；"−"号表示主、从动轮转向相反，用于外啮合；锥齿轮传动、蜗杆传动和齿轮齿条传动只能用画箭头法确定。

11.2.2　定轴齿轮系传动比

1. 传动比数值的计算

定轴齿轮系传动比，在数值上等于组成该定轴齿轮系的各对啮合齿轮传动比的连乘积，也等于首、末齿轮之间各对啮合齿轮中所有从动轮齿数的连乘积与所有主动轮齿数的连乘积之比。

图11.6所示为一个简单的定轴齿轮系。运动和动力是由轴 I 经轴 II 传给轴III。轴 I 和轴III的转速比，亦即首轮和末轮的转速比，即为定轴齿轮系的传动比为

$$i_{14} = i_{\mathrm{I,III}} = \frac{n_1}{n_4} = \frac{n_\mathrm{I}}{n_\mathrm{III}}$$

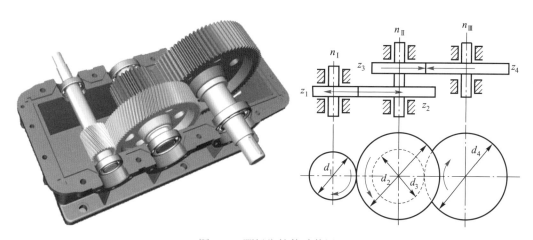

AR
两级齿轮传动装置

图11.6　两级齿轮传动装置

齿轮系总传动比应为各齿轮传动比的连乘积，从轴 I 到轴 II 和从轴 II 到轴III的传动比分别为

$$i_{\mathrm{I,II}} = \frac{n_1}{n_\mathrm{II}} = \frac{z_2}{z_1}, \ i_{\mathrm{II,III}} = \frac{n_\mathrm{II}}{n_\mathrm{III}} = \frac{z_4}{z_3}$$

故齿轮系传动比为

$$i_{14} = i_{\mathrm{I,II}} i_{\mathrm{II,III}} = \frac{n_\mathrm{I}}{n_\mathrm{II}} \frac{n_\mathrm{II}}{n_\mathrm{III}} = \frac{z_2 z_4}{z_1 z_3}$$

推广至一般情形，即得定轴轮系传动比公式为

$$i_{1K} = \frac{n_1}{n_K} = \frac{\text{所有从动轮齿数的连乘积}}{\text{所有主动轮齿数的连乘积}} \qquad (11.4)$$

式中，"1"表示首轮；"K"表示末轮。

2. 齿轮系首、末轮的转向关系

与确定一对齿轮中主、从动轮的转向关系相对应，确定齿轮系首、末轮转向关系有两种方法。

（1）画箭头法。

首先任意画出表示首轮转向的箭头，然后依运动传递顺序分别画出各轮箭头，直到末轮，注意同一轴上各轮的箭头方向应相同。

（2）$(-1)^m$ 法。

对于各轴线平行的仅由圆柱齿轮组成的定轴齿轮系首、末轮转向关系可直接在传动比公式中表示：

$$i_{1K} = (-1)^m \frac{\text{所有从动轮齿数的连乘积}}{\text{所有主动轮齿数的连乘积}} \qquad (11.5)$$

式中，m 表示轮系中外啮合齿轮的对数。当 m 为奇数时传动比为负，表示首、末轮转向相反；当 m 为偶数时传动比为负，表示首、末轮转向相同。

11.2.3 惰轮

图11.7所示的定轴齿轮系中，运动由齿轮1经齿轮2传给齿轮3。总的传动比为

$$i_{13} = \frac{n_1}{n_3} = \frac{z_2 z_3}{z_1 z_2} = \frac{z_3}{z_1}$$

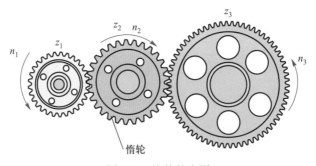

图11.7　惰轮的应用

从上式可以看出齿轮2既是第一对齿轮的从动轮，又是第二对齿轮的主动轮，对传动比大小没有影响，但齿轮1和齿轮3的旋向相同。在齿轮系中，与两个齿轮同时相啮合的齿轮，其被一个齿轮驱动，同时又驱动另外一个齿轮，该齿轮称为惰轮。它不改变传动比大小，只改变从动轮的转向。

例11.1　如图11.2所示空间定轴齿轮系，蜗杆的头数 $z_1=2$，右旋；蜗轮的齿数 $z_2=60$，$z_{2'}=20$，$z_3=24$，$z_{3'}=20$，$z_4=24$，$z_{4'}=30$，$z_5=35$，$z_{5'}=28$，$z_6=135$。若蜗杆为主动

轮,其转速 $n_1=900$ r/min,试求齿轮6的转速 n_6 的大小和转向(画箭头法)。

解 根据定轴齿轮系传动比公式得

$$i_{16} = \frac{n_1}{n_6} = \frac{z_2 z_3 z_4 z_5 z_6}{z_1 z_{2'} z_{3'} z_{4'} z_5} = \frac{60 \times 24 \times 24 \times 35 \times 135}{2 \times 20 \times 20 \times 30 \times 28} = 243$$

$$n_6 = \frac{n_1}{i_{16}} = \frac{900}{243} \text{r/min} \approx 3.7 \text{ r/min}$$

转向如图中箭头所示。

例11.2 如图11.1所示平面定轴齿轮系,已知 $z_1=20$, $z_2=30$, $z_{2'}=20$, $z_3=60$, $z_{3'}=20$, $z_4=20$, $z_5=30$。齿轮1为主动轮,其转速 $n_1=100$ r/min,逆时针方向转动。求末轮的转速和转向 $[(-1)^m$ 法]。

解 根据定轴齿轮系传动比公式,并考虑齿轮1到5间有3对外啮合齿轮,故

$$i_{15} = \frac{n_1}{n_5} = (-1)^3 \frac{z_2 z_3 z_5}{z_1 z_2 z_{3'}} = -\frac{30 \times 60 \times 30}{20 \times 20 \times 20} = -6.75$$

末轮5的转速

$$n_5 = \frac{n_1}{i_{15}} = \frac{100}{-6.75} \text{ r/min} = -14.8 \text{ r/min}$$

负号表示末轮5的转向与首轮1相反,顺时针方向转动。

11.3 行星齿轮系的传动比计算

行星齿轮系传动比的计算方式有许多种,最常用的是转化机构法。

如图11.8所示,现假想给行星齿轮系加一个与行星架的转速 n_H 大小相等、方向相反的公共转速 $-n_H$,则行星架H变为静止,而各构件间的相对运动关系不变化。于是,所有齿轮的几何轴线位置都固定不动,得到了假想的定轴齿轮系。这种假想的定轴齿轮系称为原行星齿轮系的转化轮系。轮系转化前、后各构件的转速见表11.1。

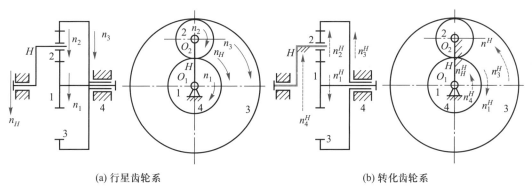

| (a) 行星齿轮系 | (b) 转化齿轮系 |

图11.8 行星齿轮系及其转化轮系

表11.1 轮系转化前、后各构件的转速

构件	行星齿轮系中的转速	转化齿轮系中的转速
中心轮1	n_1	$n_1^H = n_1 - n_H$
行星轮2	n_2	$n_2^H = n_2 - n_H$

构件	行星齿轮系中的转速	转化齿轮系中的转速
中心轮3	n_3	$n_3^H = n_3 - n_H$
行星架H	n_H	$n_H^H = n_H - n_H = 0$
机架4	$n_4 = 0$	$n_4^H = n_4 - n_H = -n_H$

转化齿轮系中1、3两轮的传动比可以根据定轴齿轮系传动比的计算方法得出

$$i_{13}^H = \frac{n_1^H}{n_3^H} = \frac{n_1 - n_H}{n_3 - n_H} = (-1)^1 \frac{z_2 z_3}{z_1 z_2} = -\frac{z_3}{z_1}$$

推广到一般情况，可得到如下结论：

在行星齿轮系中，设 G、K 分别为轴线与主轴线平行或重合的任意两个齿轮，则从 G 轮到 K 轮的传动比可用下式求解：

$$i_{GK}^H = \frac{n_G^H}{n_K^H} = \frac{n_G - n_H}{n_K - n_H} = \pm \frac{\text{从} G \text{轮到} K \text{轮之间所有从动轮齿数的连乘积}}{\text{从} G \text{轮到} K \text{轮之间所有主动轮齿数的连乘积}} \quad (11.6)$$

注：1. 转速 n_G、n_K 和 n_H 必须将表示其转向的正负号带上。首先假定某个齿轮方向为正，则与其同向的取正号代入，与其反向的取负号代入。

2. 公式右边的正负号的确定：假想行星架 H 不转，变成机架。则整个轮系成为定轴齿轮系，按定轴齿轮系中 G 轮与 K 轮的转向关系确定即可。

3. 待求构件的实际转向由计算结果的正负号确定。

例11.3 在图11.8a所示的轮系中，已知 $n_1 = 100$ r/min，$n_3 = 60$ r/min，n_1 与 n_3 转向相同；齿数 $z_1 = 17$，$z_2 = 29$，$z_3 = 75$，求：（1）n_H 与 n_2。（2）i_{1H} 与 i_{12}。

解 （1）求 n_H 与 n_2 的数值及转向。

由式11.6得

$$i_{13}^H = \frac{n_1^H}{n_3^H} = \frac{n_1 - n_H}{n_3 - n_H} = (-1)^1 \frac{z_2 z_3}{z_1 z_2} = -\frac{z_3}{z_1}$$

取 n_1 的转向为正，代入已知数据得

$$\frac{100 - n_H}{60 - n_H} = -\frac{75}{17}$$

解得：$n_H = 67.39$ r/min，正号表示 n_H 与 n_1 的转向相同。

列出 i_{12}^H 或 i_{23}^H 均可以求出 n_2：

$$i_{12}^H = \frac{n_1^H}{n_2^H} = \frac{n_1 - n_H}{n_2 - n_H} = -\frac{z_2}{z_1}$$

仍取 n_1 的转向为正，代入已知数据得

$$\frac{100 - 67.39}{n_2 - 67.39} = -\frac{29}{17}$$

解得：$n_2=48.27$ r/min，计算结果为正，n_2 与 n_1 的转向相同。

（2）求 i_{1H} 或 i_{12}。

$$i_{1H} = \frac{n_1}{n_H} = \frac{100}{67.39} = 1.484$$

$$i_{12} = \frac{n_1}{n_2} = \frac{100}{48.27} = 2.072 \neq -\frac{z_2}{z_1}$$

例11.4　在图11.9所示齿轮系中，已知齿数 $z_1=60$、$z_2=40$、$z_3=z_4=20$、若 $n_1=n_4=120$ r/min，且 n_1 与 n_4 转向相反，求 i_{H1}。

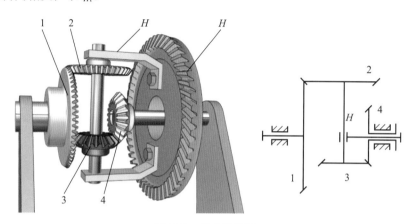

图11.9　差动齿轮系

解　该齿轮系中齿轮2、3为行星轮，齿轮1、4为中心轮，H 为行星架。

$$i_{14}^{H} = \frac{n_1 - n_H}{n_4 - n_H} = +\frac{z_2 z_4}{z_1 z_3}$$

等式右端的正号，是在转化齿轮系中用画箭头的方法确定的。由题意知，轮1与轮4转向相反，设 n_1 的转向为正，则 n_4 的转向为负，代入已知数据得

$$\frac{+120 - n_H}{-120 - n_H} = +\frac{40 \times 20}{60 \times 20}$$

解得：$n_H=600$ r/min，计算结果为正，n_H 与 n_1 转向相同。

$$i_{H1} = \frac{n_H}{n_1} = \frac{600}{120} = 5$$

11.4　混合齿轮系的传动比计算

既包含定轴齿轮系又包含行星齿轮系的齿轮系，称为混合齿轮系，如图11.10所示。计算混合齿轮系传动比的一般步骤如下：

（1）区别轮系中的定轴齿轮系部分和行星齿轮系部分。

（2）分别列出定轴齿轮系部分和行星齿轮系部分的传动比公式，并代入已知数据。

（3）找出定轴齿轮系部分与行星齿轮系部分之间的运动关系，并联立求解即可求出

混合轮系中两轮之间的传动比。

AR
混合齿轮系

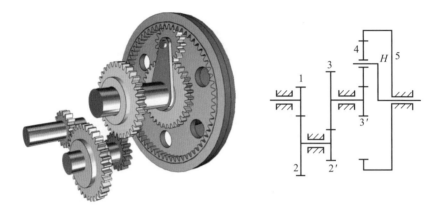

图 11.10　混合齿轮系

例11.5　图11.10所示混合齿轮系中，各齿轮的齿数分别为：$z_1=z_2=z_{3'}=20$、$z_2=z_3=40$、$z_5=80$，试计算传动比 i_{1H}。

解　该轮系包括两个基本轮系：齿轮1、2、2′和3组成定轴齿轮系；齿轮3′、4、5和行星架 H 组成行星齿轮系。

定轴齿轮系中：

$$\frac{n_1}{n_3}=\frac{z_2 z_3}{z_1 z_{2'}}=\frac{40\times40}{20\times20}=4$$

$$n_1=4n_3 \tag{a}$$

行星齿轮系中：

$$\frac{n_{3'}-n_H}{n_5-n_H}=-\frac{z_5}{z_{3'}}$$

$$\frac{n_{3'}-n_H}{0-n_H}=-\frac{80}{20}$$

$$n_{3'}=5n_H \tag{b}$$

又因两部分存在关系：

$$n_{3'}=n_3 \tag{c}$$

联立式（a）～式（c）得

$$i_{1H}=\frac{n_1}{n_H}=20$$

例11.6　图11.11所示为电动卷扬机减速器（卷筒H剖掉了一部分）。已知各轮齿数为：$z_1=24$、$z_2=52$、$z_2=21$、$z_3=78$、$z_3=18$、$z_4=30$、$z_5=78$，求 i_{15}。

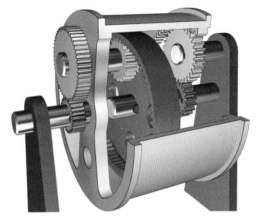
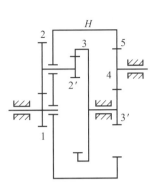

AR
电动卷扬机
减速器

图 11.11　电动卷扬机减速器

解　该混合齿轮系中双联齿轮2—2′是行星轮、卷筒（带齿轮5）是行星架、齿轮1是中心轮、齿轮3是内齿圈，它们组成行星齿轮系部分；剩下的齿轮3′、4、5组成定轴齿轮系部分。

行星齿轮系中：

$$\frac{n_1 - n_5}{n_3 - n_5} = -\frac{z_2 z_3}{z_1 z_{2'}} = -\frac{52 \times 78}{24 \times 21} = -\frac{169}{21} \tag{a}$$

定轴齿轮系中：

$$\frac{n_{3'}}{n_5} = \frac{z_5}{z_{3'}} = -\frac{78}{18} = -\frac{13}{3} \tag{b}$$

因$n_{3'} = n_3$，故由式（b）得

$$n_3 = n_{3'} = -\frac{13}{3}n_5$$

代入式（a）得

$$\frac{n_1 - n_5}{-\dfrac{13}{3}n_5 - n_5} = -\frac{169}{21}$$

解得：

$$i_{15} = \frac{n_1}{n_5} = 43.9$$

11.5　齿轮系的应用

齿轮系的应用十分广泛，主要有以下几个方面。

1. 实现相距较远的两轴间的传动

如图11.12所示，当两轴中心距较大时，若仅用一对齿轮传动（图中双点画线所示），两齿轮的尺寸较大。若改用定轴齿轮系传动，则可缩小传动装置所占空间。

2. 实现变速换向和分路传动

所谓变速和换向，是指主动轴转速不变时，利用齿轮系使从动轴获得多种工作速度，并能方便地在传动过程中改变速度的方向，以适应工件条件的变化。

所谓分路传动，是指主动轴转速一定时，利用齿轮系将主动轴的一种转速同时传到几根从动轴上，获得所需的各种转速。

机械式钟表的传动系统其实为一定轴齿轮系，如图11.13所示。当发条盘 N 驱动齿轮 1 转动时，通过齿轮 1、2 的啮合使分针 M 转动；同时，由齿轮 1—2—9—10—11—12 组成的轮系带动时针 H ；另一分路由 1—2—3—4—5—6 组成的轮系又使秒针 S 获得另一种转速，同时，经过齿轮 7—8 带动擒纵轮 E 。

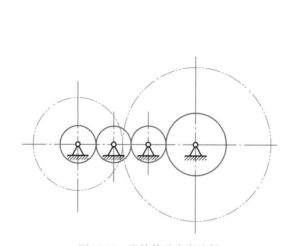

图11.12　齿轮传动方案比较

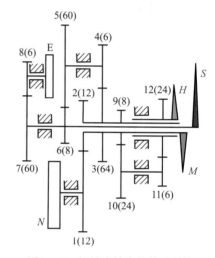

图11.13　机械式钟表的传动系统

由图中给出的各轮齿数，不难算出 M 和 N 之间的传动比 $i_{MH}=12$ ， S 和 M 之间的传动比 $i_{SM}=60$ ，从而实现秒、分、时之间的准确传动比关系。

3. 获得大的传动比

获得大传动比时常采用行星齿轮系。

图11.14所示的行星齿轮传动只有两个齿轮，内齿轮 1 为固定中心轮，齿轮 2 为行星轮，转臂 H 为输入轴，行星轮 2 输出的转动用 V 表示， W 为输出机构。其传动比计算如下：

$$\frac{n_2-n_H}{n_1-n_H}=\frac{z_1}{z_2}$$

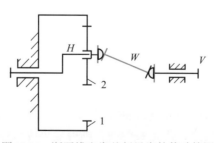

图11.14　渐开线少齿差行星齿轮传动简图

因为 $n_1=0$，故

$$i_{2H} = 1 - \frac{z_1}{z_2} = -\frac{z_1 - z_2}{z_2}$$

亦即

$$i_{H2} = i_{HV} = \frac{1}{i_{2H}} = -\frac{z_2}{z_1 - z_2} \qquad (11.7)$$

一般齿数差 z_1-z_2=1 ~ 4，故称为渐开线少齿差行星齿轮传动。渐开线少齿差行星减速器单级 i_{HV} 可达135，两级 i_{HV} 可达 1 000 以上，结构紧凑，应用广泛。

渐开线少齿差行星齿轮传动的等角速比机构常采用孔销式输出机构，工作原理如图11.15所示，O_2、O_3 分别为行星轮和输出轴圆盘的中心。在输出轴圆盘上，沿半径为 ρ 的圆周上均匀分布有若干个轴销(一般为6 ~ 12个)，其中心为 B。为了减少摩擦磨损，轴销上套有半径为 r_x 的活动销套。带销套的轴销对应插入行星轮轮辐上中心为 A、半径为 r_k 的销孔内。设计时取转臂的偏心距为

$$e=r_k-r_x \qquad (11.8)$$

则 O_2、O_3、A、B 刚好构成一个平行四边形，因此输出轴 V 将随着行星轮2而同步同向转动。

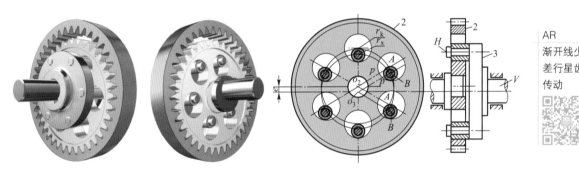

图11.15 孔销式输出机构的工作原理

4. 用于运动的合成与分解

具有两个自由度的差动齿轮系可以用于实现运动的合成和分解，即将两个输入运动合成为一个输出运动，或将一个输入运动按所需比例分解为两个输出运动。

图11.16所示的汽车后桥差速器是利用差动齿轮系分解运动的实例。发动机通过传动轴驱动齿轮5，齿轮4上固连着转臂 H，转臂上装有行星轮2。在该轮系中，齿轮1、2、3和转臂 H(亦即齿轮4)组成一个差动齿轮系。当汽车在平坦道路直线行驶时，两后车轮所滚过的路程相同，故两车轮的转速也相同，即 $n_1=n_3$。这时的运动由齿轮5传给齿轮4，而齿轮1、2、3和4如同一个固连的整体随齿轮4一起转动，行星轮2不绕自身轴线回转。当汽车转弯时，如左转弯，左轮走的是小圆弧，右轮走的是大圆弧，为使车轮和路面间不发生滑动，要求右轮比左轮转得快些，即转弯时两轮应具有不同的半径。这时齿轮1和齿轮3之间便发生相对转动，齿轮2除随齿轮4绕后车轮轴线公转外，还绕自身轴线自转，即差动齿轮系开始发挥作用，故有

$$n_4 = \frac{1}{2}(n_1 + n_3)$$

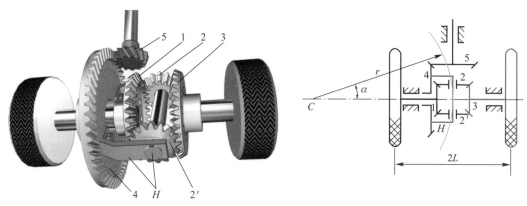

AR
汽车后桥差速器

图 11.16　汽车后桥差速器

当车身绕瞬时转心 C 转动时，左、右两车轮走过的弧长与它们至 C 点的距离成正比，即

$$\frac{n_1}{n_3} = \frac{r-L}{r+L}$$

于是联立上面两式可得

$$\begin{cases} n_1 = \dfrac{r-L}{r} n_4 \\[2mm] n_3 = \dfrac{r+L}{r} n_4 \end{cases} \qquad (11.9)$$

由式（11.9）可知，当给定发动机的转速 n_4 和轮距 $2L$ 时，左、右两后车轮的转速随转弯半径 r 的大小不同而自动改变，即利用该差速器在汽车转弯时可将原动机的转速分解为两后车轮的两个不同的转速，以保证汽车转弯时，两后车轮与地面均做纯滚动。

思考与练习题

11.1　记里鼓车是中国古代用于计算道路里程的车，由"记道车"发展而来。车箱内有立轮、大小平轮、铜旋风轮等，其结构及参数如图 11.17 所示。求齿轮 4 与车轮（齿轮 1）的传动比。齿轮 4 转一周，木人击鼓一次。假定要求车行 500 m，木人击鼓一次，问车轮直径应为多少？

11.2　图 11.18 所示齿轮系中，已知 $z_1=15$、$z_2=50$、$z_3=15$、$z_4=60$、$z_5=15$、$z_6=30$、$z_7=2$（右旋）、$z_8=60$，若 $n_1=1\,000$ r/min。试求传动比 i_{18} 及蜗轮 8 的转速大小和方向。

11.3　图 11.19 所示轮系中，已知齿轮齿数：$z_1=30$、$z_2=20$、$z_3=30$、$z_4=20$、$z_5=80$，蜗杆头数 $z_6=1$，蜗轮齿数 $z_7=60$，齿轮 1 转速 $n_1=1\,200$ r/min，方向如图中箭头所示。求齿轮 1 与蜗轮 7 的传动比 i_{17}；蜗轮 7 的转速 n_7，并在图中标出其转动方向。

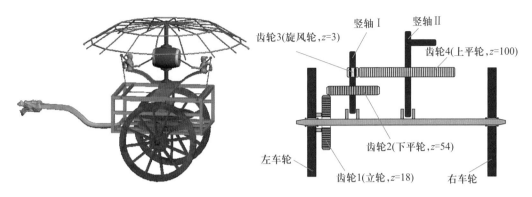

图 11.17　题 11.1 图

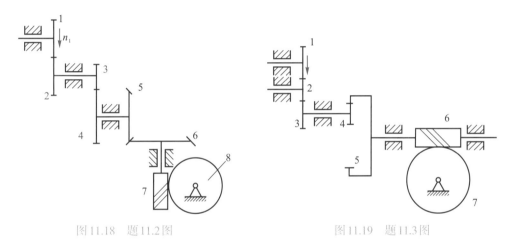

图 11.18　题 11.2 图　　　　　　　　图 11.19　题 11.3 图

11.4　图 11.20 所示齿条运动机构中，已知 $z_1=18$、$z_2=32$、$z_3=21$，齿轮的模数 $m=3$ mm，若主动轮 1 的转速 $n_1=60$ r/min，试求齿条 4 的运行速度 v_4。

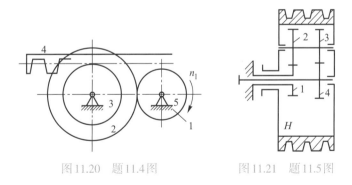

图 11.20　题 11.4 图　　　　　　　　图 11.21　题 11.5 图

11.5　某车床的行星减速带轮如图 11.21 所示，带轮 H 为输入构件，中心轮 4 与主轴相连为输出构件。已知各齿轮的齿数：$z_1=z_3=26$，$z_2=z_4=27$，求齿轮系的传动比 i_{H4}。

11.6　在图 11.22 所示齿轮系中，已知各齿轮齿数：$z_1=z_3=30$，$z_2=90$，$z_{2'}=40$，$z_{3'}=40$，$z_4=30$，试求传动比 i_{1H}。

11.7　在图 11.23 所示齿轮系中，已知各齿轮齿数：$z_1=15$，$z_2=20$，$z_{2'}=z_{3'}=z_4=30$，$z_3=40$，

$z_5 = 90$，试求传动比 i_{1H}。

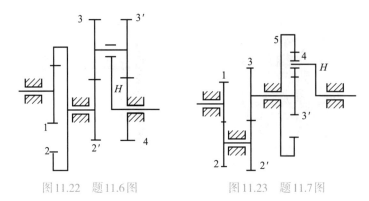

图 11.22　题 11.6 图　　　　　图 11.23　题 11.7 图

第12章

12

轴与轴毂连接

机器上的传动零件，如带轮、齿轮、联轴器等都必须用轴来支承才能正常工作，支承传动件的零件称为轴，轴本身又必须被轴承支承，轴的主要功能是支承旋转零件、传递转矩和运动。

轴毂连接是轴和轴上零件（齿轮、带轮、轴承等）的连接，主要功能是实现轴上零件在轴上的周向固定，传递转矩。

本章将讨论轴的类型、结构和材料，重点是轴的结构设计；讨论常见的轴毂连接，包括键连接、销连接、成形连接、胀紧连接、过盈连接等。

12.1 轴的分类

轴按所受的载荷和功用可分为心轴、传动轴和转轴。

1. 心轴

只承受弯矩不承受转矩的轴称为心轴，主要用于支承回转零件，如铁路车辆轮轴（图12.1）和滑轮轴等。

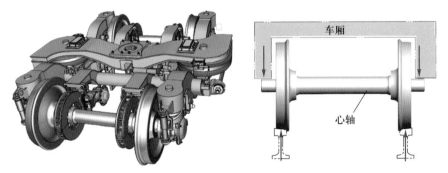

图12.1 心轴（铁路车辆轮轴）

2. 传动轴

只承受转矩不承受弯矩或承受很小的弯矩的轴称为传动轴，主要用于传递转矩，如图12.2所示的汽车传动轴。

3. 转轴

如图12.3所示，同时承受弯矩和转矩的轴称为转轴，其既支承零件又传递转矩，如减速器轴。

按轴线形状，轴可分为曲轴（图12.4）、挠性轴（图12.5）、直轴；另外还可分为空心轴、光轴和阶梯轴（图12.6）。曲轴各段的轴线不在同一直线上，形成一个曲柄结构，通常将自身的转动转变为连杆的平动或者相反。挠性轴是刚性很小、具有弹性、可自由弯曲传动的轴，也称为软轴，常作为一种非直线传动或非同一平面间传动的传动部件使用，其可简化传动机械，使用广泛，如混凝土振捣器等。直轴各段的轴线重合在一条直线上，是最常见的轴类结构。空心轴能够减重，内部可安装零部件。光轴直径一致，轴上零件移动方便。阶梯轴因为各段强度接近，轴上零件装拆方便，最为常用。

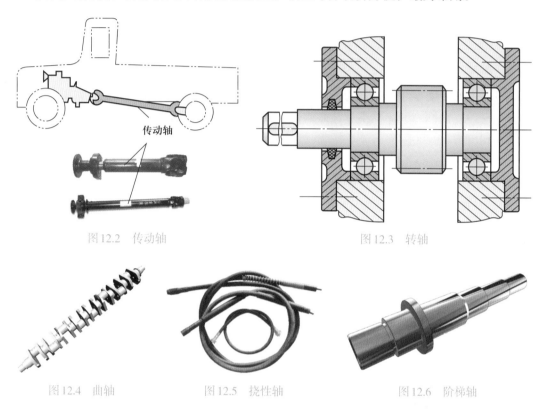

图 12.2　传动轴　　　　　　　　　图 12.3　转轴

图 12.4　曲轴　　　　　　图 12.5　挠性轴　　　　　　图 12.6　阶梯轴

12.2　轴的结构设计

　　轴的结构设计就是合理确定轴的形状和尺寸，这与轴上零件的安装、拆卸、零件定位及加工工艺有着密切的关系。进行轴的结构设计首先要分析轴上零件的定位、固定以及轴的结构工艺性等。

　　对轴的结构设计的基本要求是：

　　（1）轴和轴上的零件定位准确、固定可靠。

　　（2）轴上零件便于调整和装拆。

　　（3）良好的制造工艺性。

　　（4）形状、尺寸应尽量减小应力集中。

　　（5）为了便于轴上零件的装拆，将轴制成阶梯轴。

12.2.1　轴的各部分名称

　　如图12.7所示，轴头是与回转零件相配合的部分，通常轴头上开有键槽；轴颈是与轴承配合的部分，其上装有轴承；轴身是连接轴头和轴颈的部分；轴肩和轴环是阶梯轴截面变化的部位，其中直径尺寸单边变化的称为轴肩，两边都变化的称为轴环。阶梯轴上的零件便于装拆，同时各个轴段的强度基本接近，故阶梯轴得到广泛使用。

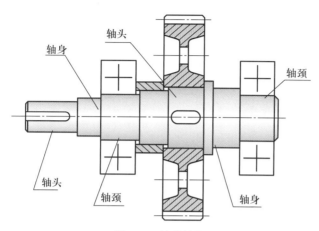

图 12.7　轴的结构

12.2.2　零件在轴上的固定

1. 轴向固定

（1）轴肩和轴环。轴肩和轴环对轴上的零件起轴向定位的作用，方法简单，单向定位可靠。为了使轴上零件的端面能与轴肩紧贴，如图12.8a所示，轴肩的圆角半径 R 必须小于零件孔端的圆角半径 R_1 或倒角 C_1；否则，无法紧贴，定位不准确，如图12.8b所示。轴肩或轴环的高度 h 必须大于 R_1 或 C_1。轴环与轴肩尺寸 $h=(0.07d+3\mathrm{mm}) \sim (0.1d+5\mathrm{mm})$，轴环宽度 $b \approx 1.4h$。

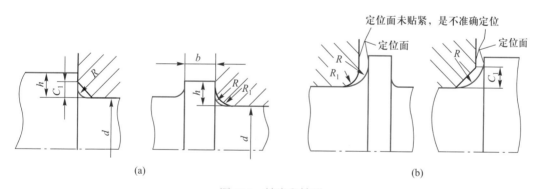

动画
轴向定位

图 12.8　轴肩和轴环

零件孔端圆角半径 R_1 和倒角 C_1 的数值见表12.1。

表 12.1　零件孔端圆角半径 R_1 和倒角 C_1 的数值摘自 GB/T 6403.4—2008　　　mm

轴径 d	$>10 \sim 18$	$>18 \sim 30$	$>30 \sim 50$	$>50 \sim 80$	$>80 \sim 100$
R（轴）	0.8	1.0	1.6	2.0	2.5
R_1 或 C_1（孔）	1.6	2.0	3.0	4.0	5.0

（2）轴端挡圈和圆锥面。如图12.9所示，轴端挡圈与轴肩、圆锥面与轴端挡圈联合使

用，常用于轴端，起到双向固定，装拆方便，多用于承受剧烈振动和冲击的场合。

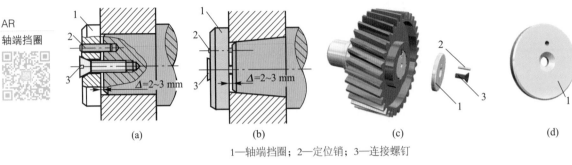

1—轴端挡圈；2—定位销；3—连接螺钉

图 12.9　轴端挡圈和圆锥面

（3）圆螺母和定位套筒。图 12.10 所示的定位套筒用于轴上两零件的距离较小的场合，结构简单，定位可靠。图 12.11 所示的圆螺母用于轴上两零件距离较大场合，需要在轴上切制螺纹，对轴的强度影响较大。

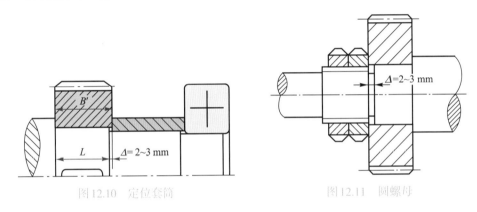

图 12.10　定位套筒　　　　　　　　图 12.11　圆螺母

（4）弹性挡圈和紧定螺钉。图 12.12 所示的弹性挡圈和图 12.13 所示的紧定螺钉，常用于轴向力较小的场合。

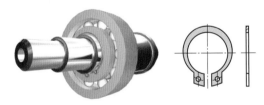

图 12.12　弹性挡圈

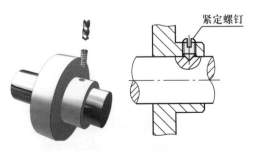

图 12.13　紧定螺钉

2. 周向固定

常用周向固定方法有：键连接、销连接、成形连接和过盈连接等，如图12.14所示。

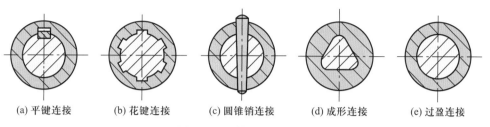

(a) 平键连接　　(b) 花键连接　　(c) 圆锥销连接　　(d) 成形连接　　(e) 过盈连接

图 12.14　周向固定的形式

12.2.3　轴的结构工艺性

轴的结构工艺性有以下几方面：

（1）阶梯轴便于装拆。

（2）轴上磨削和车螺纹的轴段应分别设有砂轮越程槽（图12.15a）和退刀槽（图12.15b）。

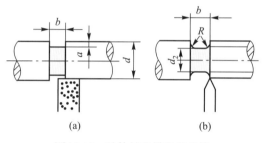

(a)　　　　　　(b)

图 12.15　砂轮越程槽和退刀槽

动画
砂轮越程槽

动画
退刀槽

（3）轴上沿长度方向开有几个键槽时，应将键槽安排在轴的同一母线上。同一根轴上所有圆角半径和倒角的大小应尽可能一致，以减少刀具规格和换刀次数。

（4）便于轴上零件装配，轴端和各轴段端部都应有45°的倒角。

（5）为便于加工定位，轴的两端面上应做出中心孔。

12.2.4　提高轴的疲劳强度

轴大多在变应力下工作，结构设计时应减少应力集中，以提高轴的疲劳强度，尤为重要。轴截面尺寸突变处会造成应力集中，所以对于阶梯轴，相邻两段轴径变化不宜过大，在轴径变化处的过渡圆角半径不宜过小，尽量不在轴上切制螺纹和凹槽以免引起应力集中。提高轴的表面质量，降低表面粗糙度值，采用表面碾压、喷丸和渗碳淬火等表面强化方法，均可提高轴的疲劳强度。

12.3　轴的材料及选择

轴主要承受弯矩和转矩，其主要失效形式是疲劳断裂。作为轴的材料应具有足够的强度、韧性和耐磨性。

1. 碳素钢

优质碳素钢具有较好的力学性能，对应力集中敏感性较低，价格便宜，应用广泛。例如：35钢、45钢、50钢等优质碳素钢。一般轴采用45钢，经过调质或正火处理；有耐磨性要求的轴段，应进行表面淬火及低温回火处理；轻载或不重要的轴，使用普通碳素钢Q235、Q275等。

2. 合金钢

合金钢具有较高的力学性能，对应力集中比较敏感，淬火性较好，热处理变形小，价格较贵。多用于要求重量轻和轴颈耐磨性好的轴。例如：汽轮发电机轴，在高速、高温重载下工作，采用27Cr2Mo1V、38CrMoAlA等。

3. 球墨铸铁

球墨铸铁吸振性和耐磨性好，对应力集中敏感性低，价格低廉，用于铸造外形复杂的轴，如内燃机中的曲轴。

12.4　键连接

图12.16所示的一级减速器的从动轴和齿轮就是典型的轴毂连接，它们通过键实现了两者的连接，保证了轴和齿轮在周向一起转动，并传递转矩。回转零件、轴、键三者配合好才能使机器正常运转。"同心山成玉，协力土变金"，在我们的工作生活中，相互协作、形成合力，才能共同进步。

键连接主要用于轴和轴上零件的周向固定并传递转矩；有的兼作轴上零件的轴向固定或轴向滑动。

12.4.1　平键连接

图12.17所示为普通平键连接，通常在轴上加工有键槽，键安置在键槽中，轴上零件的轮毂上加工有和键相适应的键槽。平键的上表面与轮毂键槽顶面留有间隙，依靠键与键槽间的两侧面挤压力传递转矩，所以两侧面为工作面。平键连接制造容易、装拆方便、定心良好，用于传动精度要求较高的场合。

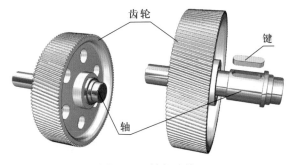

图12.16　轴毂连接

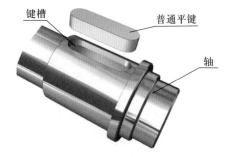

图12.17　普通平键连接

根据用途可将平键连接分为如下三种。

1. 普通平键连接

普通平键连接的主要尺寸是键长 L、键宽 b 和键高 h。端部形状有圆头（A型）、平头

（B型）和单圆头（C型）三种（图12.18）。C型键用于轴端。A、C型键的轴上键槽用指状铣刀切制，对轴应力集中较大。B型键的轴上键槽用盘铣刀铣出，轴上应力集中较小。

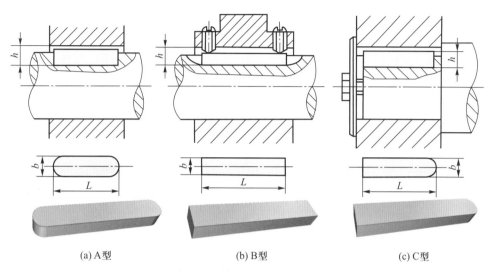

(a) A型　　　　　　　　(b) B型　　　　　　　　(c) C型

图12.18　普通平键连接的类型

2. 导向平键连接

当零件需要做轴向移动时，可采用图12.19所示的导向平键连接，导向平键较普通平键长，为防止键体在轴中松动，用两个螺钉将其固定在轴上，其中部制有起键螺钉。

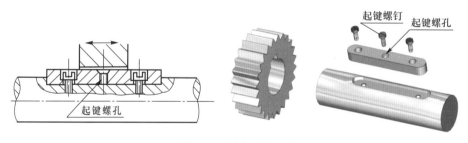

图12.19　导向平键连接

3. 滑键连接

滑键与轴上的零件固定为一体，工作时两者一起沿轴上的键槽滑动，适应于轴上零件移动距离较大的场合，如图12.20所示。

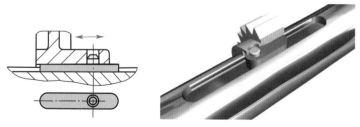

图12.20　滑键连接

12.4.2　半圆键连接

半圆键的两个侧面为半圆形，放置在半圆形的轴上键槽内，键槽采用盘铣刀加工如图 12.21 所示。工作时靠两侧面受挤压传递转矩，键在轴上键槽内绕其几何中心摆动，以适应轮毂槽底部的斜度，装拆方便，但对轴的强度削弱较大，主要用于轻载场合。

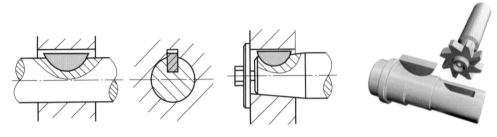

图 12.21　半圆键连接

12.4.3　紧键连接

1. 楔键连接

楔键的上表面和轮毂槽底面均制成 1∶100 的斜度，如图 12.22 所示。工作时，楔键的上、下表面为工作面，装配时将楔键用力打入槽内，使轴与轮毂之间的接触面产生很大的径向压紧力，转动时靠接触面的摩擦力来传递转矩及单向轴向力。楔键可分普通楔键和钩头楔键两种形式。钩头楔键与轮毂端面之间应留余地，以便于拆卸。楔键的定心性差，在冲击、振动或变载荷下，连接容易松动。适用于不要求准确定心、低速运转的场合。

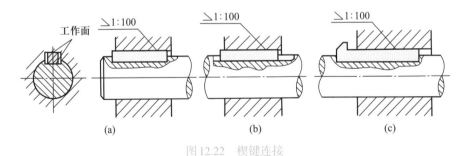

图 12.22　楔键连接

2. 切向键连接

当轴径 $d > 100$ mm 且传递较大转矩时，可采用由一对普通楔键组成的切向键连接，如图 12.23 所示。键的上、下面互相平行，需两边打入，定心性差，适用于不要求准确定心、低速运转的场合。

12.4.4　平键尺寸选择

平键是标准零件，通常用强度极限不低于 600 MPa 的碳素钢制造。
普通平键的类型与尺寸选择：
（1）根据键连接的工作要求和使用特点，选择平键的类型。

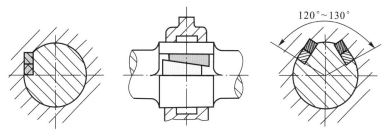

图12.23 切向键连接

（2）按照轴的公称直径d，从表12.2中选择平键的尺寸$b \times h$。

表 12.2 平键的尺寸   mm

普通平键和键槽的尺寸（GB/T 1095—2003，GB/T 1096—2003）

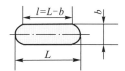 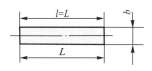 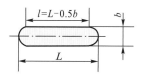

标记示例：键A 16×100 GB/T 1096—2003（圆头普通平键A型，b=16 mm，h=10 mm，L=100 mm）
          键B 16×100 GB/T 1096—2003（平头普通平键B型，b=16 mm，h=10 mm，L=100 mm）
          键C 16×100 GB/T 1096—2003（单圆头普通平键C型，b=16 mm，h=10 mm，L=100 mm）

轴	键	键槽											
		宽度						深度				半径r
		公称尺寸 b	极限偏差					轴 t		毂 t_1		
公称直径 d	公称尺寸 $b \times h$		较松键连接		一般键连接		较紧键连接					
			轴H9	毂D10	轴N9	毂JS9	轴和毂P9	公称尺寸	极限偏差	公称尺寸	极限偏差	最小	最大
>10～12	4×4	4	+0.030 / 0	+0.078 / +0.030	0 / −0.015	±0.015	−0.012 / −0.042	2.5	+0.10	1.8	+0.10	0.08	0.16
>12～17	5×5	5						3.0		2.3			
>17～22	6×6	6						3.5		2.8		0.16	0.25
>22～30	8×7	8	+0.036 / 0	+0.098 / +0.040	0 / −0.036	±0.018	−0.015 / −0.051	4.0		3.3			
>30～38	10×8	10						5.0		3.3			
>38～44	12×8	12						5.0		3.3			
>44～50	14×9	14	+0.043 / 0	+0.120 / +0.050	0 / −0.043	±0.021	−0.018 / −0.061	5.5		3.8		0.25	0.40
>50～58	16×10	16						6.0	+0.20	4.3	+0.20		
>58～65	18×11	18						7.0		4.4			
>65～75	20×12	20	+0.052 / 0	+0.149 / +0.065	0 / −0.052	±0.026	−0.022 / −0.074	7.5		4.9			
>75～85	22×14	22						9.0		5.4		0.40	0.60
>85～95	25×14	25						9.0		5.4			
>95～110	28×16	28						10		6.4			

键的长度系列	6、8、10、12、18、20、22、25、28、32、36、40、50、56、63、70、80、90、100、110、125、140、160、180、200、220、250、280、320、360

注：1. 在工作图中，轴槽深用t或$(d-t)$标注，轮毂槽深用$(d+t_1)$标注。
    2. $(d-t)$和$(d+t_1)$两组组合尺寸的极限偏差按相应的t和t_1极限偏差选取，但$(d-t)$极限偏差值应取负号。

（3）根据轮毂长度选择键长 L：键的长度应略小于轮毂的长度，键长 L 应符合标准长度系列。

键连接的主要失效形式是挤压破坏。

12.4.5　花键连接

花键连接由轴上加工出多个键齿的花键轴和轮毂孔上加工出同样的键齿槽组成，如图12.24所示。工作时靠键齿的侧面互相挤压传递转矩。其优点为比平键连接承载能力强，轴与零件的定心性好，导向性好，对轴的强度削弱小；缺点是成本较高。因此，花键连接用于定心精度要求高和载荷较大的场合。

花键已标准化，按齿廓的不同，可分为矩形花键和渐开线花键，如图12.25所示。

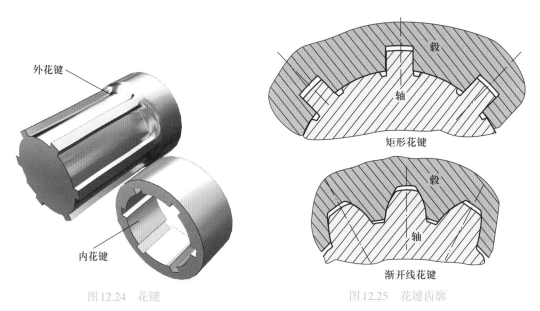

图 12.24　花键　　　　　　　图 12.25　花键齿廓

1. 矩形花键连接

矩形花键的齿侧面为互相平行的平面，制造方便，广泛应用。

2. 渐开线花键连接

渐开线花键的齿廓为渐开线，分度圆上的压力角为30°和45°两种，具有制造工艺性好、强度高、易于定心和精度高等优点，适用于重载及尺寸较大的连接。

12.5　其他轴毂连接

12.5.1　销连接

销连接主要用于固定零件之间的相互位置，并传递不大的载荷。销连接可分为：圆柱销连接、圆锥销连接和异形销连接，如图12.26所示。

圆柱销：圆柱销利用与孔的过盈来配合，为保证定位精度，不宜经常装拆。

圆锥销：具有1∶50的锥度，小端直径是标准值，定位精度高，自锁性好，用于经常装拆的连接。

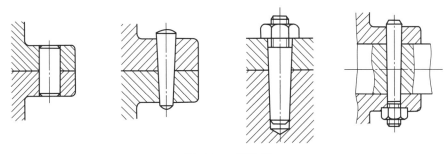

图12.26 销连接

异形销：具有许多特殊形式，常与螺母配合使用。工作可靠，用于有冲击的连接。

12.5.2 成形连接

用非圆剖面的轴与相应的毂孔构成的连接称为成形连接，如图12.27所示，轴和毂孔可设计成柱形（图12.27a）和圆锥形（图12.27b）。

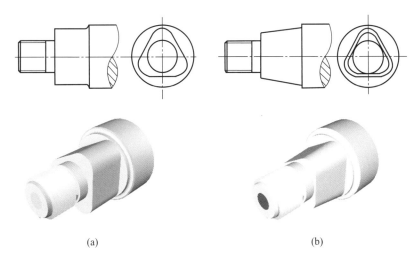

(a)   (b)

图12.27 成形连接

成形连接的特点是连接面上没有应力集中源，对中性好，承载能力强，装拆方便，但加工不方便，需用专用设备，应用较少。另外成形面还有方形、六边形及切边圆形等，但对中性较差。

12.5.3 胀紧连接

胀紧连接是在毂孔与轴之间装入胀紧连接套（简称胀套），在轴向力作用下，同时胀紧轴与毂而构成的一种静连接。JB/T 7934—1999规定了20种胀紧连接套型式与基本尺寸（$Z_1 \sim Z_{20}$型）。图12.28所示为采用Z_1型胀套的胀紧连接，在毂孔和轴的光滑圆柱面间，装一个（图12.28a）或两个胀套（图12.28b），在轴向力的作用下，内、外胀套相互楔紧，工作时利用接触面间压紧力引起的摩擦力来传递转矩或轴向力。

胀紧连接套是当今国际上广泛用于重型载荷下机械连接的一种先进基础部件，在轴毂连接中，它是靠拧紧高强度螺栓使包容面间生产的压力和摩擦力实现负载传送的一种无键连接装置。

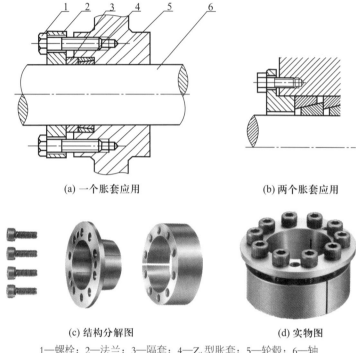

(a) 一个胀套应用　　　　(b) 两个胀套应用

(c) 结构分解图　　　　(d) 实物图

1—螺栓；2—法兰；3—隔套；4—Z，型胀套；5—轮毂；6—轴

图 12.28　胀紧连接

12.5.4　过盈连接

1. 过盈连接的特点及应用

　　利用被连接件间的过盈配合直接把被连接件连接在一起的连接称为过盈连接，又称紧配合连接。过盈连接常用于轴与轮毂的连接、轮圈与轮芯的连接以及滚动轴承与轴及座孔的连接。图 12.29a 所示为减速器从动轴与滚动轴承之间的连接、图 12.29b 所示为机车车辆轴与轮对轴承之间的连接，都为过盈连接。

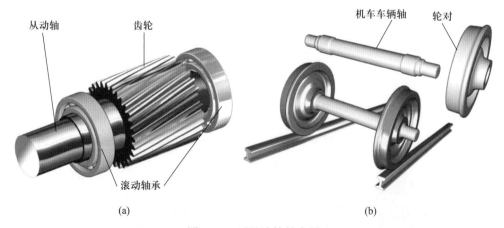

从动轴　齿轮　机车车辆轴　轮对

滚动轴承

(a)　　　　　　(b)

图 12.29　过盈连接的应用

这种连接的优点是结构简单，定心性好，承载能力高，能承受冲击载荷，对轴的强度削弱小。缺点是装配困难，对配合尺寸精度要求较高。由于拆开过盈连接需要很大的外力，往往要损坏连接中零件的配合表面。

2. 过盈连接的装配方法

对于配合面为圆柱面的过盈连接的装配，时常采用以下两种方法：

（1）压入法。利用压力机将被包容件压入包容件中，由于压入过程中表面微观不平度的峰尖被擦伤或压平，因而降低了连接的紧固性。

（2）温差法。加热包容件，冷却被包容件。当其他条件相同时，用温差法能获得较大的摩擦力或力矩，因为它不像压入法那样会擦伤配合表面。

拆卸时，需要用特殊的方法来进行。例如：图12.30所示的轴毂过盈连接上的油孔均为工艺孔，轴毂零件（齿轮）的拆卸要利用该孔来进行。

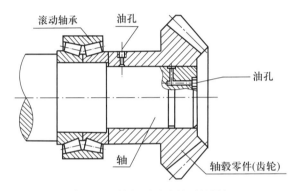

图12.30　轴毂过盈连接时的拆卸

思考与练习题

12.1　用轴肩或轴环可以对轴上零件做轴向固定吗？

12.2　圆螺母可以对轴上零件做周向固定吗？

12.3　轴肩或轴环的过渡圆角半径是否应小于轴上零件轮毂的倒角高度？

12.4　汽车下部变速器与后桥间的轴是否为传动轴？

12.5　轴上零件的轴向固定方法有：① 轴肩和轴环；② 圆螺母与止动垫圈；③ 套筒；④ 轴端挡圈和圆锥面；⑤ 弹性挡圈、紧定螺钉或销钉等。当受轴向力较大时，可采用哪几种方法？

12.6　若轴上的零件利用轴肩来进行轴向固定，轴肩的圆角半径R与零件轮毂孔的圆角半径R_1或倒角C_1的关系如何？

12.7　为了便于拆卸滚动轴承，轴肩处的直径d（或轴环直径）与滚动轴承内圈外径D_1应保持何种关系？

12.8　平键连接的工作原理是什么？主要失效形式是什么？平键的剖面尺寸$b×h$和键的长度L是如何确定的？举例说明平键连接的标注方法。

12.9　圆头（A型）、方头（B型）及单圆头（C型）普通平键各有何优缺点？它们分别用在什么场合？

12.10　导向平键连接和滑键连接有什么不同？各适用于何种场合？

12.11　已知齿轮轮毂宽度为50 mm，轴的直径 $d=30$ mm，试选择齿轮与轴连接的普通平键的尺寸。

12.12　试指出图12.31中的结构错误，并画出正确的结构图。

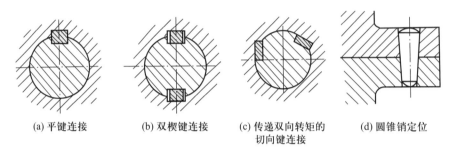

(a) 平键连接　　(b) 双楔键连接　　(c) 传递双向转矩的切向键连接　　(d) 圆锥销定位

图12.31　题12.12图

12.13　观察附图二所展示的减速器图。试分析该减速器是否用到了销连接？如果是，则用到了几个销？

第13章

13

轴　　承

　　轴承的功用是支承轴及轴上零件，减少轴与支承之间的摩擦，保证轴的旋转精度。根据工作面摩擦性质的不同（图13.1），轴承可分为滑动轴承（图13.2，轴瓦内表面和轴接触）和滚动轴承（图13.3）。滑动轴承具有工作平稳、无噪声、径向尺寸小、耐冲击和承载能力大等优点。滚动轴承工作时，滚动体与套圈是点线接触，为滚动摩擦，其摩擦和磨损较小。滚动轴承是标准零件，可批量生产，成本低，安装方便，所以广泛应用于各种机械上。

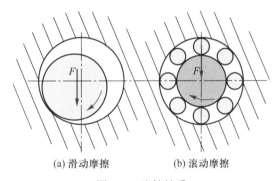

(a) 滑动摩擦　　　　　(b) 滚动摩擦

图 13.1　摩擦性质

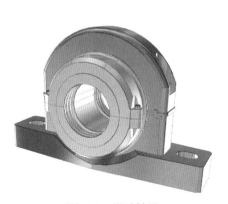

图13.2　滑动轴承

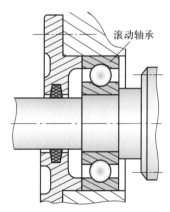

图13.3　滚动轴承

13.1　滚动轴承的组成、类型及特点

13.1.1　滚动轴承的组成

滚动轴承的结构如图13.4所示，它由内圈1、外圈2、滚动体3和保持架4组成。内圈装在轴颈上，与轴一起转动。外圈装在机座的轴承孔内，一般不转动。内、外圈上设置有滚道，当内、外圈之间相对旋转时，滚动体沿着滚道滚动，保持架使滚动体均匀分布在滚道上，减小滚动体之间的碰撞和磨损。滚动体的形状多种多样，常见的如图13.5所示，有球形、圆柱滚子、滚针、圆锥滚子、球面滚子等。

AR
滚动轴承

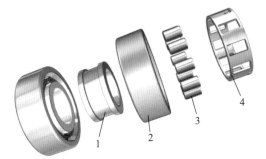
1—内圈；2—外圈；3—滚动体；4—保持架
图13.4　滚动轴承的结构

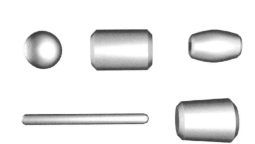
图13.5　滚动体形状

13.1.2　滚动轴承的主要类型

1. 按所承受载荷的方向分

按轴承所能承受载荷的方向或公称接触角α的大小（表13.1），可分为向心轴承和推力轴承。

表 13.1　公称接触角 α

轴承类型	向心轴承		推力轴承	
	径向接触	角接触	角接触	轴向接触
公称接触角α	$\alpha=0°$	$0°<\alpha\leq45°$	$45°<\alpha<90°$	$\alpha=90°$
图例				

（1）向心轴承。当公称接触角$\alpha=0°$时，称为径向接触轴承，主要承受径向载荷，有些可承受较小的轴向载荷；当公称接触角$0°<\alpha\leq45°$时，称为向心角接触轴承，可同时承受径向载荷和轴向载荷。

（2）推力轴承。当公称接触角$45°<\alpha<90°$时，称为推力角接触轴承，主要承受轴

向载荷，可承受较小的径向载荷；当公称接触角α=90°时，称为轴向接触轴承，只能承受轴向载荷。

表13.1中的α为滚动体与外圈接触点的法线与垂直于轴承轴心线的径向平面之间的夹角，称为滚动轴承的公称接触角，它是滚动轴承的一个重要参数。公称接触角越大，轴承承受的轴向载荷就越大。

2. 按滚动体类型分

滚动轴承按滚动体类型可分为球轴承和滚子轴承、调心轴承和非调心轴承、单列轴承和双列轴承等。球轴承的滚动体与滚道表面为点接触，滚子轴承的滚动体与滚道表面为线接触。在外廓尺寸相同的条件下，滚子轴承的承载能力和耐冲击能力好于球轴承，但球轴承摩擦小、高速性能好，调心轴承可允许轴有较大的偏位角。

常用滚动轴承的部分类型、代号及特性见表13.2。

表 13.2 常用滚动轴承的部分类型、代号及特性

轴承名称	结构简图	承载方向	轴承代号			基本额定动载荷比	极限转速	主要特性和应用
			类型代号	尺寸系列代号	轴承基本代号			
调心球轴承			1 (1) 1 (1)	(0) 2 22 (0) 3 23	1 200 2 200 1 300 2 300	0.6 ~ 0.9	中	主要承受径向载荷，能承受较小的轴向载荷，外圈滚道为以轴承中心为中心的球面，可自动调心。适用于轴承轴心线难以对中的支承，常成对使用
调心滚子轴承			2 2 2 2 2 2 2 2	13 22 23 30 31 32 40 41	21 300 22 200 22 300 23 000 23 100 23 200 24 000 24 100	1.8 ~ 4	低	径向承载能力比调心球轴承大，内外圈轴线允许偏斜1.5°~ 2.5°，具有自动调心性能。适用于多点支承轴、弯曲刚度较小的轴及难于精确对中的支承
圆锥滚子轴承			3 3 3 3	02 20 29 31	30 200 32 000 32 900 33 100	1.5 ~ 2.5	中	能同时承受径向载荷和轴向载荷，内、外圈可分离，装拆方便，成对使用。适用于转速不太高、轴的刚度较好的场合
推力球轴承			5 5 5 5	11 12 13 14	51 100 51 200 51 300 51 400	1	低	只承受单向轴向载荷，高速时离心力大，故用于低速、轴向载荷大的场合
双向推力球轴承			5 5 5	22 23 24	52 200 52 300 52 400	1	低	承受双向轴向载荷。高速时离心力大，故用于低速的场合

续表

轴承名称	结构简图	承载方向	轴承代号			基本额定动载荷比	极限转速	主要特性和应用
			类型代号	尺寸系列代号	轴承基本代号			
深沟球轴承			16 6 6 6 6	(0) 0 (1) 0 (0) 2 (0) 3 (0) 4	16 000 6 000 6 200 6 300 6 400	1	高	应用广泛，主要承受径向载荷，同时也可承受一定轴向载荷。高速时，可用来承受纯轴向载荷
角接触球轴承			7 7 7 7	(1) 0 (0) 2 (0) 3 (0) 4	7 000 7 200 7 300 7 400	1.1 ~ 1.4	高	可同时承受径向载荷和轴向载荷，公称接触角越大，承受轴向载荷越大，应成对使用，极限转速较高
圆柱滚子轴承			N N N N N N	10 (0) 2 22 (0) 3 23 (0) 4	N1000 N200 N2200 N300 N2300 N400	1.5 ~ 3	高	只承受径向载荷，承载能力大，抗冲击能力强。内、外圈可分离，用于径向载荷较大的场合
滚针轴承			NA NA NA NA NA NA	10 (0) 2 22 (0) 3 23 (0) 4	NA NA NA NA NA NA	—	低	只能承受径向载荷，承载能力大，径向尺寸小，极限转速低，使用时无保持架

13.2　滚动轴承的代号

滚动轴承的代号表示其结构、尺寸、公差等级和技术性能等特征要求，用字母和数字组成。按照GB/T 272—2017的规定，滚动轴承代号按顺序由前置代号、基本代号和后置代号组成，见表13.3。

表 13.3　滚动轴承代号的构成

前置代号	基本代号					后置代号						
轴承分部件代号	一	二	三	四	五	内部结构代号	密封于防尘结构代号	保持架及其材料代号	特殊轴承材料代号	公差等级代号	游隙代号	多轴承配置代号	其他代号
	类型代号	尺寸系列代号		内径代号								
		宽度系列代号	直径系列代号									

13.2.1　基本代号

基本代号表示轴承的基本类型、结构和尺寸，是轴承代号的基础，它由基本类型、尺寸系列和内径代号三部分组成。

1. 类型代号

类型代号用数字或大写拉丁字母表示，见表13.4。

表 13.4　一般滚动轴承类型

代号	轴承类型	代号	轴承类型
0	双列角接触球轴承	6	深沟球轴承
1	调心球轴承	7	角接触球轴承
2	调心滚子轴承和推力调心滚子轴承	8	推力圆柱滚子轴承
3	圆锥滚子轴承	N	圆柱滚子轴承
4	双列深沟球轴承	NA	滚针轴承
5	推力球轴承	U	四点接触球轴承

2. 尺寸系列代号

尺寸系列代号表示轴承的宽（高）度系列和直径系列，用两位数字表示。宽（高）度系列表示轴承的内径、外径相同，宽（高）度不同的系列。直径系列表示同一内径、不同的外径系列。其分别见表13.5及图13.6所示。

3. 内径代号

内径代号表示轴承的内径尺寸，用两位数字表示，见表13.6。

基本代号中的类型代号和尺寸系列代号在组合后，其组合代号有特殊要求可省略不标出的情况，个别情况在组合代号中省略不标，常用轴承省略情况及组合代号见表13.2。

表 13.5　尺寸系列代号

直径系列		向心轴承							推力轴承			
		宽度系列							高度系列			
		宽度尺寸依次递增							高度尺寸依次递增			
		8	0	1	2	3	4	5	6	7	9	1	2
外径尺寸依次递增	7	—	—	17	—	37	—	—	—	—	—	—	—
	8	—	08	18	28	38	48	58	68	—	—	—	—
	9	—	09	19	29	39	49	59	69	—	—	—	—
	0	—	00	10	20	30	40	50	60	70	90	10	—
	1	—	01	11	21	31	41	51	61	71	91	11	—
	2	82	02	12	22	32	42	52	62	72	92	12	22
	3	83	03	13	23	33				73	93	13	23
	4	—	04	—	24	—	—	—	—	74	94	14	24
	5	—	—	—	—	—	—	—	—	—	95	—	—

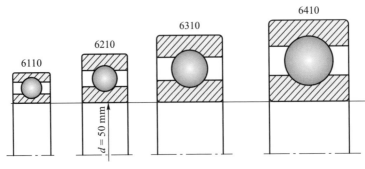

图 13.6　直径系列

表 13.6　轴承内径代号

轴承内径		内径代号	示例
0.6 ~ 10（非整数）		用内径毫米数直接表示，在其与尺寸系列代号之间用 "/" 分开	深沟球轴承 618/2.5　$d=2.5$ mm
1 ~ 9（整数）		用内径毫米数直接表示，对于深沟球轴承及角接触球轴承 7、8、9 直径系列，内径与尺寸系列代号之间用 "/" 分开	深沟球轴承 618/5　$d=5$ mm
10 ~ 17	10 12 15 17	00 01 02 03	深沟球轴承 6 200　$d=10$ mm
20 ~ 480（22、28、32 除外）		内径除以 5 的商数，商数为个数的需在商数前面加 "0"，如 08	调心滚子轴承 23 208　$d=40$ mm
≥ 500 及 22、28、32		用内径毫米数直接表示，在其与尺寸系列代号之间用 "/" 分开	调心滚子轴承 230/500　$d=500$ mm 深沟球轴承 62/22　$d=22$ mm

13.2.2　前置、后置代号

1. 前置代号

前置代号在基本代号的前面用字母表示，代号的含义可查阅相关手册。一般轴承无须说明时，无前置代号。

2. 后置代号

后置代号在基本代号的后面用字母或字母加数字表示，为补充代号。

（1）轴承内部结构代号：如 C、AC、B 分别表示内部接触角 $\alpha=15°$、$25°$、$40°$。

（2）轴承公差等级：共有 6 个公差等级，其精度顺序为 /P0、/P6、/P6X、/P5、/P4、/P2，其中 /P2 级为高精度，/P0 级为普通级，不标出。

（3）轴承游隙：滚动轴承内圈相对外圈（或相反）沿径向或轴向可移动的最大位移量，称为轴承的径向或轴向游隙（图 13.7），按大小共有 6 个组别：/C1、/C2、/C0、/C3、/C4、/C5，依次递增，/C0 为常用的基本组，不标出。

有关后置代号的其他项目组的代号可查相关手册。

例 13.1　说明轴承 6204 和 72211AC 的意义。

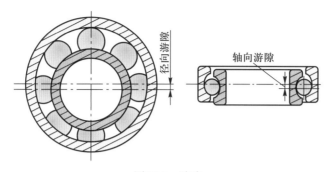

图 13.7　游隙

解　6204：6—轴承类型为深沟球轴承；(0)2—尺寸系列代号，宽度系列代号为0(可省略)，2为直径系列代号；04—内径代号，d=20 mm；公差等级为/P0级(可省略)。

72211AC：7—角接触轴承；22—尺寸系列代号，宽度系列代号为2，直径系列代号为2；11—内径代号，d=55 mm；AC—接触角α=25°；公差等级为/P0级(可省略)。

13.3　滚动轴承的类型选择

合理选择轴承是设计机械的一个重要环节，一般先选择轴承的类型，后选择轴承的型号，选择轴承的类型时通常考虑以下几个因素。

1. 载荷的大小、方向和性质

轴承所受载荷的大小、方向和性质，是选择轴承类型的主要依据。

（1）载荷大小。载荷较大时选用滚子轴承，载荷中等以下选用球轴承。例如：深沟球轴承既可承受径向载荷又可承受一定轴向载荷，极限转速较高。圆柱滚子轴承可承受较大的冲击载荷，极限转速不高，不能承受轴向载荷。

（2）载荷方向。主要承受径向载荷时选用深沟球轴承、圆柱滚子轴承和滚针轴承；受纯轴向载荷作用时选用推力轴承；同时承受径向和轴向载荷时，选用角接触轴承或圆锥滚子轴承。当轴向载荷比径向载荷大很多时，选用推力轴承和深沟球轴承的组合结构。

（3）载荷性质。承受冲击载荷时选用滚子轴承。因为滚子轴承是线接触，承载能力大，抗冲击和振动。

2. 轴承的转速

轴承的转速对其寿命有着显著影响。因此，在滚动轴承标准中规定了轴承的极限转速，轴承工作时不得超过其极限转速。球轴承与滚子轴承相比较，前者具有较高的极限转速，故在高速时应优先选用球轴承，否则选用滚子轴承。

3. 对调心性能的要求

轴跨距较大时，难以保证两轴承孔的同轴度；由于制造和安装误差，轴承会引起内、外圈中心线发生相对偏斜，出现角偏差；因此要求轴承内、外圈能有一定的相对角位移，应选用调心轴承。但调心轴承必须成对使用，否则将失去调心作用。

4. 装调性能

在选择轴承类型时，还应考虑轴承的装拆、调整、游隙等使用要求。一般圆锥滚子轴承和圆柱滚子轴承的内、外圈可分离，便于装拆。

5. 经济性

在满足使用要求的情况下，应优先选用价格低廉的轴承，以降低成本。一般球轴承的价格低于滚子轴承，在相同精度的轴承中深沟球轴承的价格最低。

13.4　滚动轴承的失效形式与设计准则

13.4.1　滚动轴承的失效形式

当轴承旋转工作并承受纯径向载荷作用时，上半圈为非承载区，滚动体不受载荷，下半圈为承载区，但各滚动体承受的载荷不同，滚动体过轴心线时受到的载荷为最大，两侧滚动体所受载荷逐渐减小。轴承内、外圈与滚动体的接触点不断发生变化，其表面接触应力随着滚道位置的不同做脉动循环变化，所以轴承元件受到脉动循环的接触应力，如图13.8所示。

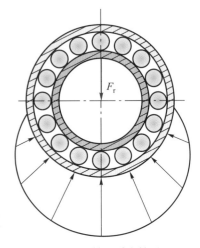

图 13.8　轴承受力情况

1. 疲劳点蚀

轴承元件在脉动循环接触应力重复作用下，当应力和变化次数达到一定数值时，就会在内、外圈和滚动体表面产生微小裂纹并逐渐发展，导致金属成片状剥落，形成疲劳点蚀，使轴承失去正常的工作能力，如图13.9a所示。点蚀是轴承正常工作条件下的主要失效形式，对于以疲劳点蚀为主要失效形式的轴承，应进行疲劳寿命计算。

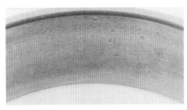
(a) 点蚀

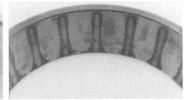
(b) 塑性变形

(c) 磨损

图 13.9　滚动轴承的主要失效形式

2. 塑性变形

当轴承承受很大静载荷或冲击载荷时，会使轴承的套圈、滚道或滚动体接触表面的局部应力超过材料屈服极限，产生塑性变形（图13.9b），致使轴承在运转中产生剧烈的振动和噪声，无法正常工作而失效。

3. 磨损

使用维护和保养不当、润滑不良、密封效果不佳或装配不当等原因，会造成轴承过度磨损（图13.9c）等失效，在高速时甚至还会出现胶合失效等。

总之，除上述失效形式外，还可能出现轴承内、外圈破裂，滚动体破碎，保持架损坏等失效形式，这些是由于安装和使用不当所造成的。

13.4.2 滚动轴承的设计准则

对于润滑密封良好、工作转速较高且长期使用的轴承，其主要失效形式是疲劳点蚀，应按额定动载荷进行寿命计算。对于转速极低或不转动的轴承，其主要失效形式是塑性变形，应按静载荷进行计算。

13.5 滚动轴承组合设计

为了保证轴与轴上旋转零件正常运行，除了合理选择轴承的类型和正确的尺寸外，还应解决轴承组合的结构问题，其中包括：轴承组合的轴向固定、支承结构、轴承与相关零件的配合、间隙调整、装拆、润滑等一系列问题。

13.5.1 滚动支承结构的基本形式

1. 轴承组合的轴向固定

（1）单个轴承的内圈常用的轴向固定。轴承内圈常用的四种轴向固定方法如图13.10所示：图a所示为利用轴肩做单向固定，它能承受较大的轴向力；图b所示为利用轴肩和轴用弹性挡圈做双向固定，挡圈能承受的轴向力不大；图c所示为利用轴肩和轴端挡板做双向固定，挡板能承受中等的轴向力；图d所示为利用轴肩和圆螺母做双向固定，能受较大的轴向力。

（2）单个轴承的外圈常用的轴向固定。轴承外圈常用的三种轴向固定方法如图13.11所示：图a所示为利用轴承盖做单向固定，能受大的轴向力；图b所示为利用孔内凸肩和孔用弹性挡圈做双向固定，挡圈能承受的轴向力不大；图c所示为利用孔内凸肩和轴承盖做双向固定，能受大的轴向力。

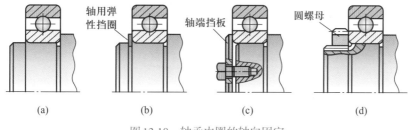

图 13.10 轴承内圈的轴向固定

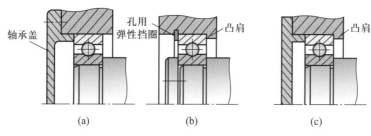

图 13.11 轴承外圈的轴向固定

2. 支承结构的基本形式

（1）两端单向固定。轴的两个轴承分别限制一个方向的轴向移动，这种固定方式称为两端单向固定，如图13.12所示。考虑到轴受热伸长，对于深沟球轴承，可在轴承盖与外圈端面之间留出热补偿间隙c，间隙的大小可用一组垫片来调整。这种支承结构简单，安装调整方便，适用于工作温度变化不大的短轴。图示采用两个深沟球轴承，如果齿轮轴受向左的轴向力作用，该力通过左端轴承的轴肩内圈、滚动体、外圈、轴承盖、螺钉传给机座至地面。右端也是如此，故称为两端单向固定支承。

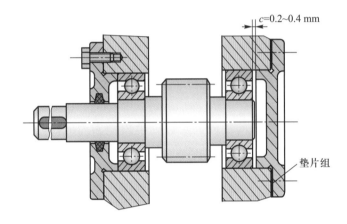

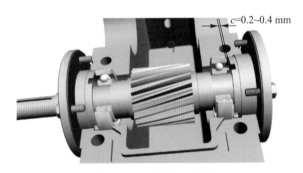

图13.12　两端单向固定

（2）一端双向固定、一端游动。一端支承的轴承，内、外圈双向固定，另一端支承的轴承可以轴向移动，如图13.13所示。双向固定端的轴承可承受双向轴向载荷，游动端的轴承端面与轴承盖之间留有较大的间隙c，以适应轴的伸缩量，这种支承结构适用于轴的温度变化大和跨距较大的场合。图示采用两个深沟球轴承，左端轴承的外圈双向固定，故称为双向固定，右端可以做轴向游动，游动的间隙必须固定，以免移动影响游隙量，致使旋转不灵。可做轴向游动的轴承只能使用N、6类轴承。图示齿轮轴受热膨胀时，只能向右移动，做热膨胀补偿。

（3）两端游动。两端游动支承结构的轴承，分别不对轴做精确的轴向定位，如图13.14所示。两轴承的内、外圈双向固定，以保证轴能做双向游动。两端采用圆柱滚子轴承支承，适用于人字齿轮主动轴。轴承采用内圈或外圈无挡边的N类圆柱滚子轴承做两端游动支承，因这类轴承内部允许相对移动，故不需要留间隙。对这类轴承的内、外圈要做双向固定，以免内、外圈同时移动，造成过大的错位。

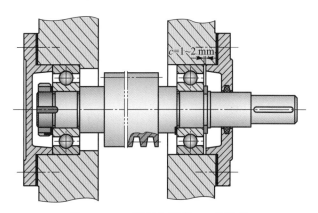

$c=1\sim2$ mm

图 13.13　一端双向固定、一端游动

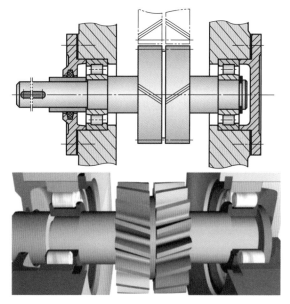

图 13.14　两端游动

13.5.2　轴的轴向位置调整

为了保证机器正常工作，轴上某些零件通过调整位置以达到工作所要求的准确位置。例如：蜗杆传动中要求能调整蜗轮轴的轴向位置，来保证正确啮合。在锥齿轮传动中要求两齿轮的节锥顶重合于一点，需要进行轴向调整。如图 13.15 所示，其是利用轴承盖与套杯之间的垫片组 2 调整轴承的轴向游隙，利用套杯与箱孔端面之间的垫片组 1 调整轴的轴向位置。

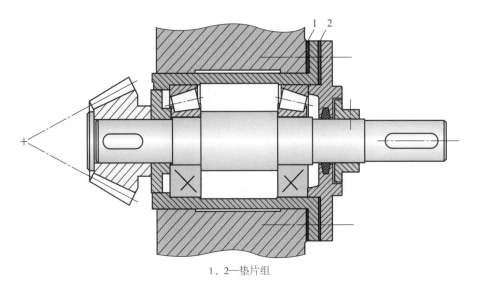

1、2—垫片组

图 13.15　轴向位置的调整

13.5.3　滚动轴承的配合和拆装

1. 滚动轴承的配合

　　滚动轴承的套圈与轴和座孔之间应选择适当的配合,以保证轴的旋转精度和轴承的周向固定。滚动轴承是标准件,因此,轴承内圈与轴颈的配合采用基孔制,轴承外圈与座孔的配合采用基轴制。为了防止轴颈与内圈在旋转时有相对运动,轴承内圈与轴颈一般选用 m5、m6、n6、p6、r6、js6 等较紧的配合。轴承外圈与座孔一般选用 J7、K7、M7、H7 等较松的配合。配合选择取决于载荷大小、方向和性质、轴承类型、尺寸和精度、轴承游隙及其他因素。

2. 滚动轴承的拆装

　　轴承的内圈与轴颈配合较紧,对于小尺寸的轴承,一般可用压力机直接将轴承的内圈压入轴颈,如图 13.16a、b 所示。对于尺寸较大的轴承,可先将轴承放在温度为80 ～ 100℃的热油中加热,使内孔胀大,然后用压力机装在轴颈上,拆卸轴承时应使用专用工具,为便于拆卸,设计时轴肩高度不能大于内圈高度,如图 13.16c 所示。

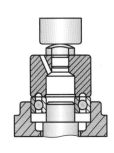

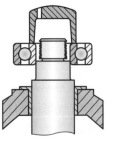

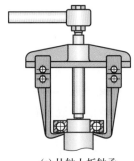

(a) 内、外圈上同时施力　　(b) 装内圈于轴上　　(c) 从轴上拆轴承

图 13.16　轴承的装拆

13.5.4 滚动轴承的润滑和密封

1. 滚动轴承的润滑

滚动轴承润滑的目的在于降低摩擦力、减少磨损，同时也有防锈、散热、吸振和降低接触应力等作用。当轴承转速较低时，可采用润滑脂润滑，其优点是便于维护和密封，不易流失；缺点是摩擦较大，散热效果差。润滑脂的填充量一般不超过轴承内空隙的 $1/3 \sim 1/2$，以免润滑脂太多导致摩擦发热，影响轴承正常工作，脂润滑常用于转速不高或不便加油的场合。

当轴承的转速较高时，采用润滑油润滑，载荷较大、温度较高、转速较低时，使用黏度较大的润滑油；相反使用黏度较小的润滑油。润滑方式有油浴润滑和飞溅润滑，采用油浴润滑时，油面高度不应超过最下方滚动体的中心。

2. 滚动轴承的密封

滚动轴承密封的目的在于防止灰尘、水分和杂质等进入轴承，同时也阻止润滑剂的流失。良好的密封可保证机器正常工作，降低噪声，延长有关零件的寿命。密封方式分接触式密封和非接触式密封，常用的密封方式见表13.7。

表 13.7　常用的密封方式

简图	名称	特点及应用
	毛毡圈式密封	矩形毡圈压在梯形槽内与轴接触，适用于润滑脂润滑、环境清洁、轴颈圆周速度 $v < 4 \sim 5$ m/s、工作温度 $<90℃$ 的场合。结构简单，制作成本低
	皮碗式密封	利用环形螺旋弹簧，将皮碗的唇部压在轴上，图中唇部向外，可防止灰尘入内；唇部向内，可防止润滑油泄漏。其适用于润滑油或润滑脂润滑，轴颈圆周速度 $v < 7$ m/s、工作温度为 $-40 \sim 100℃$ 的场合。要求成对使用
	油沟式密封	在轴与轴承盖之间，留有细小的环形间隙，半径间隙为 $0.1 \sim 0.3$ mm，中间填以润滑脂。适用于工作环境清洁、干燥的场合。密封效果较差
	迷宫式密封	在轴与轴承盖之间有曲折的间隙，纵向间隙要求为 $1.5 \sim 2$ mm，以防止轴受热膨胀。适用于润滑脂或润滑油润滑、工作环境要求不高、密封可靠的场合。结构复杂，制作成本高

"中国首辆月球车——玉兔号实现了全部中国制造！"玉兔号上多处关键部位的轴承，采用的是洛阳轴研科技股份有限公司研制的轴承，而不是进口轴承。这体现了中国自信，大国重器！

13.6　滑动轴承

13.6.1　滑动轴承的类型和结构

1. 滑动轴承的类型

滑动轴承按其承受载荷的方向分为：径向滑动轴承，它主要承受径向载荷；止推滑动轴承，它只承受轴向载荷。

滑动轴承按摩擦（润滑）状态可分为液体摩擦（润滑）轴承和非液体摩擦（润滑）轴承（图13.17）。

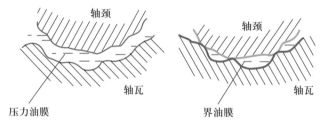

图13.17　摩擦状态

（1）液体摩擦轴承（完全液体润滑轴承）。液体摩擦轴承的原理是在轴颈与轴瓦的摩擦面间有充足的润滑油，润滑油的厚度较大，将轴颈和轴瓦表面完全隔开，因而摩擦系数很小，一般摩擦系数f=0.001～0.008。由于始终能保持稳定的液体润滑状态，这种轴承适用于高速、高精度和重载等场合。

（2）非液体摩擦轴承（不完全液体润滑轴承）。非液体摩擦轴承依靠吸附于轴和轴承孔表面的极薄油膜，并不能完全将两摩擦表面隔开，有一部分表面直接接触，因而摩擦系数数大，f=0.05～0.5。如果润滑油完全流失，将会出现干摩擦，剧烈摩擦、磨损，甚至发生胶合破坏。

2. 滑动轴承的结构

（1）整体式滑动轴承。

整体式滑动轴承如图13.18所示，由轴承座和轴承衬套组成。轴承座上部有油孔，轴套衬套内有油沟，分别用以加油和引油，进行润滑。这种轴承结构简单、价格低廉，但轴的装拆不方便，磨损后轴承的径向间隙无法调整。使用于轻载、低速或间歇工作的场合。

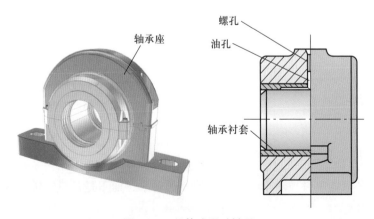

图13.18　整体式滑动轴承

（2）对开式滑动轴承。

对开式滑动轴承如图13.19所示，由轴承座、轴承盖、对开式轴瓦、双头螺栓和垫片等组成。轴承座和轴承盖接合面做成阶梯形，为了定位对中，此处放有垫片，以便磨损后调整轴承的径向间隙，故装拆方便，广泛应用。

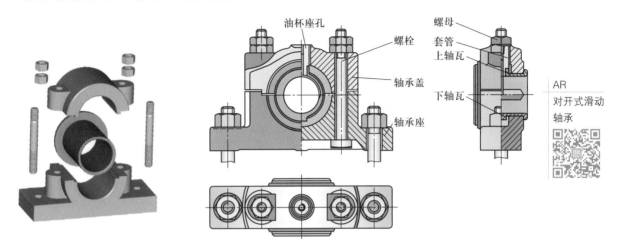

图13.19　对开式滑动轴承

（3）自动调心轴承。

自动调心轴承如图13.20所示，其轴瓦外表面做成球面形状，与轴承支座孔的球状内表面相接触，能自动适应轴在弯曲时产生的偏斜，可以减小局部磨损。适用于轴承支座间跨距较大或轴颈较长的场合。

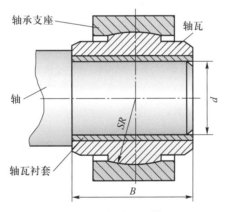

图13.20　自动调心轴承

（4）止推滑动轴承。

止推滑动轴承常见的推力轴颈如图13.21所示。

实心端面轴颈由于工作时轴心与边缘磨损不均匀，以致轴心部分压强极高，润滑油容易被挤出，故极少采用。在一般机器上大多采用空心端面轴颈和环状轴颈，在轴颈端面的中空部分能存油，压强也比较均匀，承载能力不大。多环轴颈，压强较均匀，能承受较大载荷也能承受双向载荷，但各环承载不等，环数不能太多。

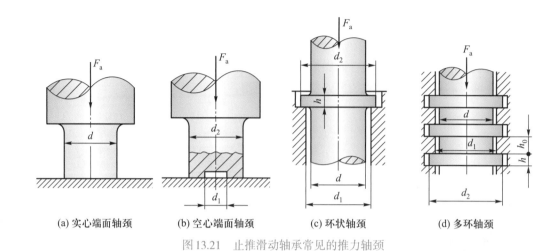

(a) 实心端面轴颈　　(b) 空心端面轴颈　　(c) 环状轴颈　　(d) 多环轴颈

图 13.21　止推滑动轴承常见的推力轴颈

13.6.2　轴瓦和轴承衬的材料及轴瓦的结构

1. 轴瓦和轴承衬的材料

　　轴瓦和轴承衬直接与轴颈接触，它的材料和结构对于轴承的性能有直接影响，轴瓦材料应根据轴承工作情况选择。由于轴承在使用时，有摩擦、磨损、润滑和散热等问题，对轴瓦材料的主要要求有：① 摩擦系数小；② 耐磨、抗腐蚀、抗胶合能力强；③ 有足够的强度和塑性；④ 导热性好，热膨胀系数小。轴瓦可以由一种材料制成，也可以在轴瓦内表面浇铸一层金属衬，即轴承衬。

2. 轴瓦的结构

　　对开式轴瓦有承载区和非承载区，一般载荷向下，上轴瓦为非承载区，下轴瓦为承载区，如图13.22所示。润滑油应由非承载区进入，故上轴瓦顶部开有进油孔。在轴瓦内表面，以进油口为对称位置，沿轴向、周向或斜向开有油沟，油经油沟分布到各个轴颈，以保证润滑油能流到轴瓦的整个工作表面。油沟离轴瓦两端面应有段距离，不能开通，以减少端部泄油，如图13.23所示。为了使轴承衬与轴瓦接合牢固，可在轴瓦内表面开设一些沟槽，如图13.24所示。

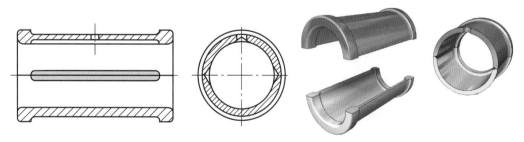

图 13.22　对开式轴瓦的结构

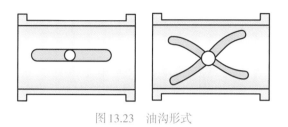

图 13.23　油沟形式　　　　　图 13.24　轴瓦沟槽形式

13.6.3　滑动轴承的润滑

　　滑动轴承工作时需要有良好的润滑，对减少摩擦磨损、提高效率、延长寿命、冷却和散热有十分重要的作用。

1. 润滑剂及其选择

　　常用的润滑剂有润滑油、润滑脂和固体润滑剂。滑动轴承最常用的是润滑油。对于轻载、高速、低温场合应选用黏度小的润滑油；对于重载、低速、高温场合应选用黏度较大的润滑油。润滑脂黏度大，不易流失，适用于低速、载荷大、不经常加油的场合。固体润滑剂有石墨、二硫化钼等。

2. 润滑方式及装置

　　（1）手工润滑。手工润滑设备有压注式油杯 （图 13.25a），需要用油枪（图 13.25b）将油注入其中。供油方式最简单，主要用于低速、轻载场合。

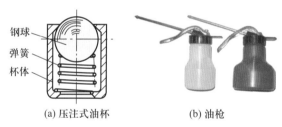

（a）压注式油杯　　　　（b）油枪

图 13.25　手工润滑

　　（2）滴油润滑。滴油润滑设备有针阀油杯和芯捻油杯，如图 13.26 所示。对于针阀油杯，将手柄提至垂直位置，针阀上升，油孔打开，可连续注油；手柄放置至水平位置，针阀下降，停止供油，通过螺母可调节注油量的大小。芯捻油杯是利用油芯的毛细管作用实现连续供油，但供油量无法调节。

　　（3）油环润滑。轴颈1上套有油环2，并垂入油池里，如图 13.27 所示。当轴旋转时，靠摩擦力带动油环转动，把油带入到轴颈处进行润滑。轴颈转速过大时，油被甩掉。转速过小带不起油，故用于转速为 $60 \sim 2\,000$ r/min 的场合。这种供油方式结构简单、供油充足、维护方便。

　　（4）飞溅润滑。减速器中的齿轮传动，利用齿轮高速转动，将油池中的油飞溅成细滴或油雾状，汇集在箱壁内侧，再沿油路进入轴承中润滑，润滑方式简单可靠，用于闭式传动。

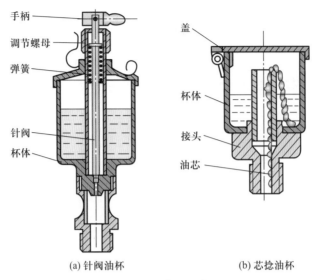

手柄
调节螺母
弹簧
针阀
杯体

盖
杯体
接头
油芯

(a) 针阀油杯　　　　　　　(b) 芯捻油杯

图 13.26　滴油润滑

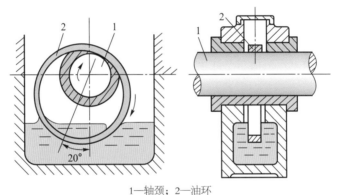

1—轴颈；2—油环

图 13.27　油环润滑

（5）压力循环润滑。压力循环润滑是利用油泵的工作压力将润滑油通过输油管送到各润滑点，润滑后回流到油箱，经冷却过滤后再重复使用。这种润滑方式工作安全可靠，能保证连续供油；但结构复杂、费用高。用于大型、重载、高速、精密和自动化机械设备上。

思考与练习题

13.1　说明下列代号的含义：6209、3411、7315、81205。

13.2　为保证滑动轴承工作时润滑良好，油孔和油沟应设置在什么区域？

13.3　观察附图二、附图三的减速器，它们用到了哪种轴承？轴承如何润滑与密封？

13.4　关节轴承是一种球面滑动轴承，其滑动接触表面是一个内球面和一个外球面,如图13.28所示,运动时可以在任意角度旋转摆动。首架国产大飞机 C919 机身上,大约有3000个关节轴承。查资料分析关节轴承的特点。

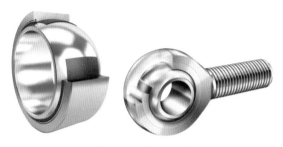

图 13.28 题 13.4 图

第14章

14

联轴器、离合器和制动器

联轴器和离合器的功用是把不同部件的两根轴连接成一体，以传递运动和转矩。两者的区别是：在机器运转过程中，联轴器连接的两根轴始终一起转动而不能分离，只有使机器停止运转并把联轴器拆开，才能把两轴分开；而用离合器连接的两根轴则可在机器运转过程中很方便地分离或接合。制动器是用来降低轴的运转速度或使其停止运转的部件。联轴器、离合器和制动器都是常用部件，大多都已标准化，可直接根据标准选用。

14.1 联轴器

14.1.1 联轴器的分类

联轴器的种类很多，按被连接两轴的相对位置是否有补偿能力，联轴器可分为固定式和可移式两种。固定式联轴器用在两轴轴线严格对中，并在工作时不允许两轴有相对位移的场合。可移式联轴器允许两轴线有一定的安装误差，并能补偿被连接两轴的相对位移和相对偏斜，如图14.1所示。

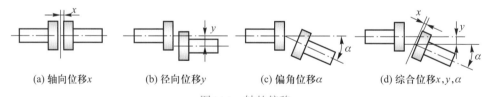

| (a) 轴向位移x | (b) 径向位移y | (c) 偏角位移α | (d) 综合位移x,y,α |

图14.1　轴的偏移

可移式联轴器按补偿位移的方法不同，可分为两类：利用联轴器工作零件之间的间隙和结构特性来补偿的称为刚性可移式联轴器；利用联轴器中弹性元件的变形来补偿的称为弹性可移式联轴器（简称弹性联轴器）。

14.1.2 固定式联轴器

1. 凸缘联轴器

在固定式联轴器中，凸缘联轴器是应用最广泛的一种。它由两个带凸缘的半联轴器 1 和 2 组成，两个半联轴器分别用键与两轴（直径分别为 d_1、d_2）连接，并用普通螺栓 3 将两个半联轴器连成一体。两个半联轴器采用普通螺栓连接，螺栓与螺栓孔间有间隙，依靠联轴器两圆盘接触面间的摩擦传递转矩，用凸肩和凹槽（直径为 D_1）对中，如图14.2a

所示。也可采用加强杆螺栓4对中，如图14.2b所示。靠螺栓承受剪切和挤压来传递转矩，因而传递转矩较大，但要铰孔，加工较复杂。

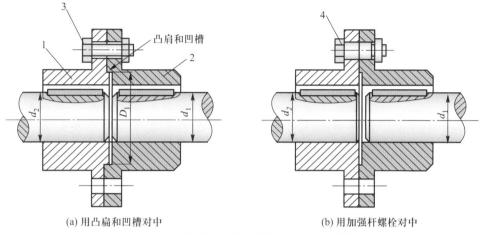

(a) 用凸肩和凹槽对中　　　　　　　　　(b) 用加强杆螺栓对中

1、2—半联轴器；3—普通螺栓；4—加强杆螺栓

图14.2　凸缘联轴器

AR
凸缘联轴器

凸缘联轴器结构简单，使用方便，可传递较大转矩，但要求两轴必须严格对中。

2. 夹壳联轴器

夹壳联轴器由两个半圆筒形的夹壳及连接它们的螺栓组成，如图14.3所示。靠夹壳与轴之间的摩擦力来传递转矩。由于是剖分结构，所以装拆方便，主要用于低速、工作平稳的场合。

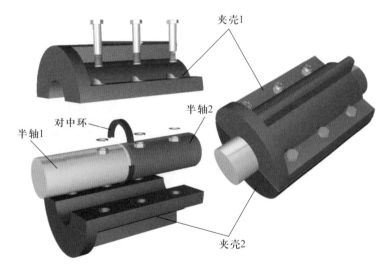

AR
夹壳联轴器

图14.3　夹壳联轴器

14.1.3　可移式联轴器

1. 十字滑块联轴器

如图14.4所示，十字滑块联轴器由两个端面带槽的半联轴器1和3及一个两面具有

凸榫的浮动盘2组成。浮动盘上的两个凸榫互相垂直并分别嵌在两个半联轴器的凹槽中，凸榫可在半联轴器的凹槽中滑动。利用其相对滑动来补偿两轴之间的偏移。其所允许的偏角位移 $\alpha \leqslant 30'$ 和径向位移 $y \leqslant 0.04d$（d 为轴的直径）。为避免过快磨损及产生过大的离心力，轴的转速不可过高。为了减少磨损，提高寿命和效率，在凸榫与凹槽间需定期施加润滑剂。

AR
十字滑块联轴器

1、3—半联轴器；2—浮动盘

图 14.4　十字滑块联轴器

2. 弹性套柱销联轴器

弹性套柱销联轴器的构造与凸缘联轴器相似，只是用套有弹性套的柱销代替了连接螺栓，如图 14.5 所示。弹性套的变形可以补偿两轴的径向位移和角位移，并且有缓冲和吸振作用。允许轴向位移为 2 ~ 7.5 mm，径向位移为 0.2 ~ 0.7 mm，偏角位移为 30′ ~ 1° 30′。

AR
弹性套柱销联轴器

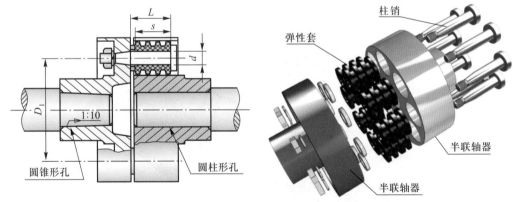

图 14.5　弹性套柱销联轴器

3. 弹性柱销联轴器

如图 14.6 所示，弹性柱销联轴器是用尼龙柱销将两个半联轴器连接起来。这种联轴器结构简单，维修安装方便，具有吸振和补偿轴向位移及微量径向位移和角位移的能力。允许径向位移为 0.1 ~ 0.25 mm。

弹性柱销与弹性套柱销联轴器均可用于经常正反转、起动频繁、转速较高的场合。

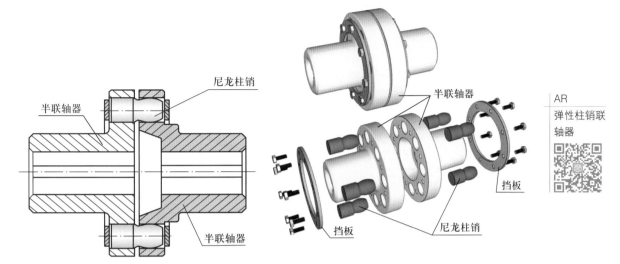

图14.6 弹性柱销联轴器

14.2 离合器

14.2.1 离合器的分类

离合器按其工作原理不同有以下两种：

（1）啮合式离合器。利用齿的啮合来传递转矩，能保证两轴同步运转；但接合只能在停车或低速时进行。

（2）摩擦式离合器。利用工作表面的摩擦力来传递转矩，能在任何转速下离合，并能防止过载（过载时打滑），但不能保证两轴完全同步运转，它适用于转速较高的场合。

按照操纵方式，离合器又有机械操纵式、电磁操纵式、液压操纵式和气动操纵式等各种形式，它们统称为操纵式离合器。能够自动进行接合和分离，不需人来操纵的称为自动离合器。如离心离合器，当转速达到一定值时，能使两轮自动接合或分离；安全离合器则当转矩超过允许值时，能使两轴自动分离；定向离合器只允许单向转动，反转时使两轴自动分离。

14.2.2 牙嵌式离合器

牙嵌式离合器是一种啮合式离合器，如图14.7所示。半联轴器1用平键与主动轴连接，另一个半联轴器3用导向平键（或花键）与从动轴连接，并用滑环4操纵离合器分离和接合。对中环2用来保证两轴线同心。

牙嵌式离合器的常用牙型有三角形、梯形、锯齿形和矩形。三角形齿接合和分离容易，但齿强度弱，多用于传递小转矩。梯形和锯齿形齿强度高，多用于传递大转矩，锯齿形齿只能单向工作。矩形齿制造容易，但接合时较困难，故应用较少。

牙嵌式离合器的接合应在两轴不回转或两轴转速差很小时进行，否则齿与齿会发生很大的冲击，影响齿的寿命。

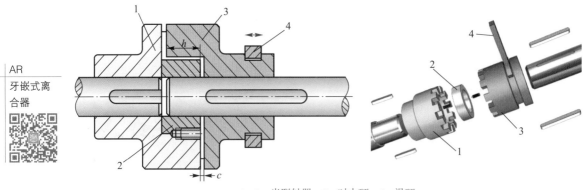

1、3—半联轴器；2—对中环；4—滑环

图 14.7　牙嵌式离合器

14.2.3　摩擦式离合器

依靠主、从动半离合器接触表面之间的摩擦力来传递转矩的离合器统称摩擦式离合器。

摩擦式离合器种类很多，下面介绍应用较广的两种。

1. 单盘摩擦式离合器

如图14.8所示，圆盘1紧固在主动轴上，圆盘2可以沿导向平键在从动轴上移动，移动滑环3可使两圆盘接合或分离。在轴向压力F_Q的作用下，两圆盘工作表面产生摩擦力，从而传递转矩。单盘摩擦式离合器多用于传递转矩较小的轻型机械。

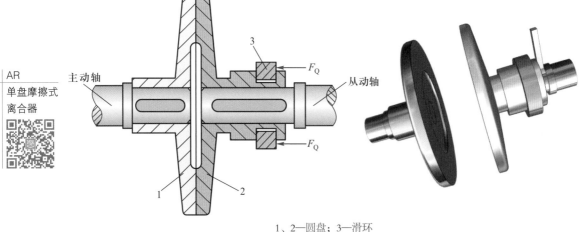

1、2—圆盘；3—滑环

图 14.8　单盘摩擦式离合器

2. 多片摩擦式离合器

为了提高摩擦式离合器传递转矩的能力，通常采用多片摩擦式离合器。如图14.9所示，它有两组交错排列的摩擦片，外摩擦片2通过外圆周上的花键与鼓轮1相连（鼓轮与轴固连），内摩擦片3利用内圆周上的花键与套筒5相连（套筒与另一轴固连），移动滑环6可使压块4压紧（或放松）摩擦片，从而使离合器处于接合（或分离）状态。

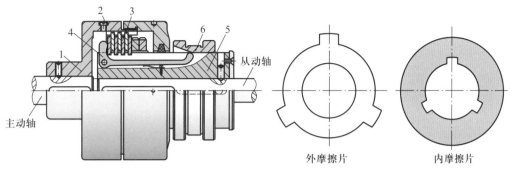

1—鼓轮；2—外摩擦片；3—内摩擦片；4—压块；5—套筒；6—滑环

图 14.9 多片摩擦式离合器

14.2.4 定向离合器

定向离合器只能按一个方向传递转矩，反方向时能自动分离。

近年来在很多机器中，广泛采用滚柱式定向离合器。如图 14.10 所示，它由星轮 1、外圈 2、滚柱 3、弹簧顶杆 4 等组成。如果星轮 1 为主动，且按图中箭头所示方向（顺时针方向）转动，这时的滚柱受摩擦力作用将被楔紧在槽内，因而外圈 2 将随星轮一同回转，离合器即处于接合状态。但当星轮反方向旋转时，滚柱受摩擦力的作用，被推到槽中较宽的部分，不再楔紧在槽内，这时离合器处于分离状态。

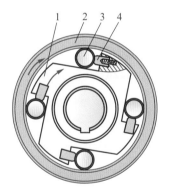

1—星轮；2—外圈；3—滚柱；4—弹簧顶杆

图 14.10 滚柱式定向离合器

如果星轮仍按图示方向旋转，而外圈还能从另一条运动链获得与星轮转向相同且转速大于星轮的转速，按相对运动原理，离合器将处于分离状态。此时星轮与外圈互不相干，各以自己的转速转动。由于它的接合和分离与星轮和外圈之间的转速差有关，因此称为超越离合器。此种离合器广泛用于汽车、拖拉机和机床等设备中。

14.3 制动器

制动器是用来降低机械运转速度或迫使机械停止运转的装置。

按照制动零件的结构特征分，有带式、块式、盘式等形式的制动器。按机构不工作时制动零件所处状态分，有常闭式和常开式两种制动器；前者经常处于紧闸状态，要加外力才能解除制动作用，如提升机构中的制动器；后者经常处于松闸状态，必须施加外力才能实现制动，如多数车辆中的制动器。按照控制方式，制动器又可分为自动式和操纵式两类，前者如各类常闭式制动器；后者包括用人力、液压、气动及电磁来操纵的制动器。

制动器是机械领域重要的安全零部件，尤其在汽车、火车等交通工具中，制动器承载着万千家庭背后幸福与快乐的生活。对产品精益求精、认真打磨每一个细节，确保每一个零部件的质量，保证制动器的质量过硬，才能有效保障我们的生命安全。

制动器通常装在机构中转速较高的轴上，这样所需制动力矩和制动器尺寸可以小一些。

1. 带式制动器

图 14.11 所示为带式制动器。当杠杆上作用外力 F 后，收紧钢带而抱住制动轮，靠带和轮间的摩擦力达到制动的目的。带式制动器结构简单，径向尺寸小，但制动力矩不大。为了增强摩擦作用，钢带上常衬有石棉、橡胶、帆布等。

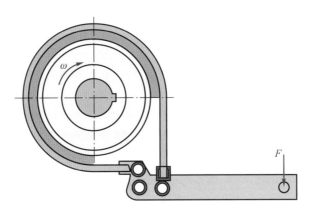

图 14.11　带式制动器

2. 块式制动器

图 14.12 所示为块式制动器，它靠制动瓦块与制动轮间的摩擦力来制动。当用作起重机提升机构的制动器时，为了安全起见，设计成常闭式。通电时，由电磁线圈 1 的吸力吸住衔铁 2，再通过一套杠杆使制动瓦块 3 松开，机器便能自由运转。当需要制动时，则切断电流；电磁线圈释放衔铁 2，依靠弹簧力并通过杠杆使制动瓦块 3 抱紧制动轮 4。

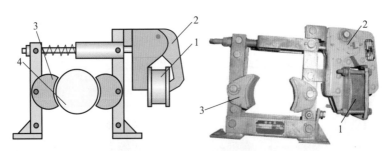

1—电磁线圈；2—衔铁；3—制动瓦块；4—制动轮

图 14.12　块式制动器

3. 盘式制动器

盘式制动器又称碟式制动器，主要由制动盘1、摩擦片2、单元制动缸4、制动钳5、安装支架7等组成，如图14.13所示。盘式制动器摩擦副中的旋转元件是以端面工作的金属圆盘，称为制动盘。摩擦元件从两侧夹紧制动盘而产生制动。

盘式制动器有气压控制的（图14.13a），如普通火车车辆的制动装置；也有液压控制的（图14.13b），如一般轿车的制动装置；还有气液联合控制的，如高速列车车辆的制动装置等。

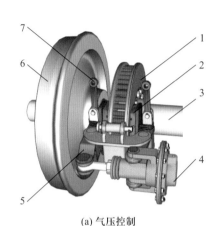 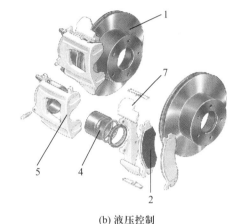

AR
盘式制动器

| (a) 气压控制 | (b) 液压控制 |

1—制动盘；2—摩擦片；3—车轴；4—单元制动缸；5—制动钳；6—轮；7—安装支架

图14.13　盘式制动器

制动盘用合金钢制造并固定在车轮（轴）上，随车轮转动，制动钳上的两个摩擦片分别装在制动盘的两侧，单元制动缸的活塞受油（气）管输送来的液（气）压作用，推动摩擦片压向制动盘产生摩擦制动。

盘式制动器散热快、重量轻、构造简单、摩擦间隙能自动调整、防滑控制方便，特别是高负载时耐高温性能好，制动效果稳定，而且不怕泥水侵袭。盘式制动器沿制动盘轴向施力，制动轴不受弯矩，径向尺寸小。

盘式制动器的不足之处在于摩擦片直接作用在圆盘上，无自动摩擦增力作用，制动效能较低，所以用于制动系统时所需制动管路压力较高。

👓 思考与练习题

14.1　当受载较大、两轴较难对中时，应选用什么联轴器来连接？当原动机的转速高且发出的动力较不稳定时，其输出轴与传动轴之间应选用什么联轴器来连接？

14.2　摩擦式离合器与牙嵌式离合器的工作原理有何不同？各有何优、缺点？

14.3　制动器通常是安装在机器的高速轴上还是低速轴上？为什么？

14.4　分析常见自行车上的制动装置。

第15章

15

弹 性 连 接

弹性连接是采用具有弹性的元器件作为连接件来连接被连接件，主要功能是实现缓和冲击或振动、储存能量、控制被连接件的运动等。常见的弹性连接件包括弹簧、油压减振器、空气弹簧等。图15.1所示的控制气门开闭的凸轮机构中的弹簧、车辆的减振弹簧都是弹性连接的应用。

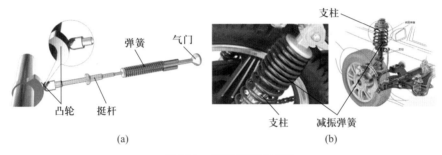

图 15.1　弹性连接的应用

15.1　弹簧

15.1.1　概述

弹簧是一种利用弹性来工作的机械零件，一般用弹簧钢制成，用以控制零部件的运动、缓和冲击或振动、储存能量、测量力的大小等，广泛用于机器与仪表中。

弹簧按形状分，主要有螺旋弹簧、碟形弹簧、涡卷弹簧、板弹簧等。

按弹簧承受的载荷分，主要有拉伸弹簧、压缩弹簧、扭转弹簧、弯曲弹簧等。

螺旋弹簧是用弹簧丝卷绕制成的，由于制造简便，所以应用最广。在一般机械中，最常用的是圆柱螺旋弹簧。

1. 圆柱螺旋弹簧

圆柱螺旋弹簧可分为：圆截面压缩弹簧、矩形截面压缩弹簧、圆截面拉伸弹簧、圆截面扭转弹簧。

圆截面压缩弹簧（图15.2a）　主要承受压力，结构简单，制造方便，应用最广泛。

矩形截面压缩弹簧（图15.2b）　主要承受压力，当空间尺寸相同时，矩形截面弹簧比圆形截面弹簧吸收能量大，刚度更接近于常数。

圆截面拉伸弹簧（图15.2c）　主要承受拉力。

圆截面扭转弹簧（图15.2d）主要承受转矩，用于压紧和蓄力以及传动系统中的弹性环节。

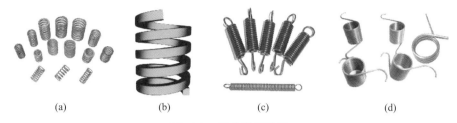

(a)　　　　　(b)　　　　　(c)　　　　　(d)

图15.2　圆柱螺旋弹簧

2. 圆锥螺旋弹簧

圆锥螺旋弹簧（图15.3）主要承受压力。弹簧圈从大端开始接触后特性线为非线性的。可防止共振，稳定性好，结构紧凑。多用于承受较大载荷和减振。

3. 碟形弹簧

碟形弹簧（图15.4）是在轴向上呈锥形并承受负载的特殊弹簧，在承受负载变形后，储蓄一定的势能，当螺栓出现松弛时，碟形弹簧释放部分势能来保持法兰连接间的压力达到密封要求。碟形弹簧应力分布由里到外均匀递减，能够实现低行程、高补偿力的效果。其特点是刚度大，缓冲吸振能力强，具有变刚度特性，组合方式多样。

图15.3　圆锥螺旋弹簧　　　　　　　　图15.4　碟形弹簧

4. 涡卷弹簧

涡卷弹簧（图15.5）主要承受转矩，圈数多，变形角大，储存能量大。多用作压紧弹簧和仪器、钟表中的储能弹簧。

5. 板弹簧

板弹簧（图15.6）主要承受弯矩。主要用于汽车、拖拉机和铁路车辆的车厢悬挂装置中，起缓冲和减振作用。

图15.5　涡卷弹簧　　　　　　　　图15.6　板弹簧

•15.1.2　圆柱螺旋弹簧的结构

1. 圆柱螺旋压缩弹簧

如图15.7所示，弹簧的节距为p，在自由状态下，各圈之间应有适当的间距δ，以便弹簧受压时，有产生相应变形的可能。为了使弹簧在压缩后仍能保持一定的弹性，在最大载荷作用下，各圈之间仍需保留一定的间距δ_1。δ_1的大小一般推荐为：$\delta_1 = 0.1d \geqslant 0.2$ mm（式中d为弹簧丝的直径）。

弹簧的两个端面圈应与邻圈并紧（无间隙），只起支承作用，不参与变形，故称为死圈。当弹簧的工作圈数$n \leqslant 7$时，弹簧每端的死圈约为0.75圈；$n > 7$时，每端的死圈为 1 ~ 1.75圈，死圈端部必须磨平。

2. 圆柱螺旋拉伸弹簧

如图15.8所示，圆截面圆柱螺旋拉伸弹簧空载时，各圈应相互并拢。另外，为了节省轴向工作空间，并保证弹簧在空载时各圈相互压紧，常在卷绕的过程中，同时使弹簧丝绕其本身的轴线产生扭转。这样制成的弹簧，各圈相互间即具有一定的压紧力，弹簧丝中也产生了一定的预应力，故称为有预应力的拉伸弹簧。这种弹簧一定要在外加的拉力大于初拉力后，各圈才开始分离，故可较无预应力的拉伸弹簧节省轴向的工作空间。拉伸弹簧的端部制有挂钩，以便安装和加载。

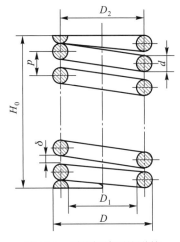

图15.7　圆柱螺旋压缩弹簧

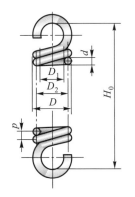

图15.8　圆柱螺旋拉伸弹簧

3. 几何参数

（1）弹簧丝直径d：制造弹簧的钢丝直径。

（2）弹簧外径D：弹簧的最大外径。

（3）弹簧内径D_1：弹簧的最小外径。

（4）弹簧中径D_2：弹簧的平均直径。

计算公式为：$D_2 = (D + D_1)/2 = D_1 + d = D - d$。

（5）节距p：除支承圈外，弹簧相邻两圈对应点在中径上的轴向距离。

（6）有效圈数n：弹簧能保持相同节距的圈数。

（7）支承圈数n_2：为了使弹簧在工作时受力均匀，保证轴线垂直于端面，制造时，常将弹簧两端并紧。并紧的圈数仅起支承作用，称为支承圈，支承圈的圈数用 T 表示，一般有 1.5T、2T、2.5T，常用的是 2T。

（8）总圈数 n_1：有效圈数与支承圈数的和，即 $n_1=n+n_2$。

（9）自由高 H_0：弹簧在未受外力作用下的高度。

（10）螺旋方向：有左、右旋之分，常用右旋，图样没注明的一般为右旋。

15.2　油压减振器

15.2.1　概述

油压减振器实际上是一个振动阻尼器，它使被连接件之间的运动在液压阻力的作用下，传递的能量逐渐衰减，运动最终减弱。油压减振器利用液体在小孔中流过时所产生的阻力来达到减缓冲击的效果，有时也称为"液压弹簧"。通常液压减振器和圆柱螺旋弹簧并用，构成了车辆的减振系统（图 15.9）。减振器有垂直安装的，有水平安装的，起到消减振动或抑制高速行驶车辆的蛇行运动的作用，提高车辆运行的平稳性。

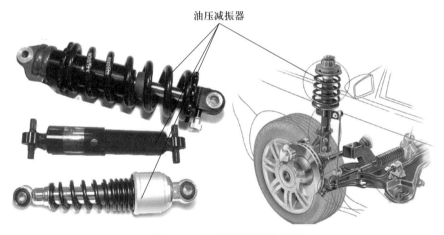

油压减振器

AR
油压减振器
的结构

图 15.9　油压减振器及其应用

弹簧在受到外力冲击后会立即缩短，在外力消失后又会立即恢复原状，这样就会使车身发生跳动，如果没有液压减振器，车轮压到一块小石头或者一个小坑时，车身会跳起来。而在液压减振器的作用下，弹簧的压缩和伸展就会变得缓慢，瞬间的多次弹跳合并为比较平缓的弹跳，大的弹跳减弱为小的弹跳，从而起到减振的作用。液压减振器主要用来抑制弹簧吸振后反弹时的振荡及来自路面的冲击。

15.2.2　油压减振器的工作原理

一般的油压减振器主要由活塞部 1、进油阀部 2、缸端密封部 3、上下连接部 4 四个主要部分和其他配件组成（图 15.10）。

活塞部是减振器产生阻力的主要部分，由活塞、活塞杆、胀圈、芯阀、芯阀弹簧、套阀、阀座和调整垫等零件组成（图 15.11）。其关键部分是在芯阀的下部开设的节流孔。

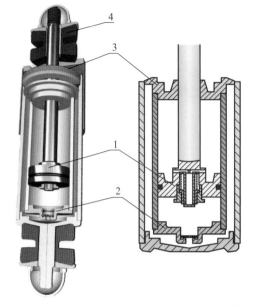

1—活塞部；2—进油阀部；3—缸端密封部；4—上下连接部

图 15.10　油压减振器的结构

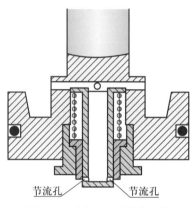

节流孔　　　节流孔

图 15.11　活塞部及其节流孔

进油阀部的主要作用是向缸筒内补充油液和压出油液，是减振器产生阻力的辅助部分。它主要由进油阀体、锁环和阀瓣组成（图 15.12）。

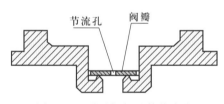

节流孔　　阀瓣

图 15.12　进油阀部及其节流孔

进油阀体安装在缸筒的底段，起密封作用并安装其他配件，它是该部分的主体。进油阀体中心有进油阀口，阀口上放有阀瓣，在阀瓣中心有比活塞部更小的节流孔，是进、出油液的必经之路，起节流作用。

油压减振器通过拉伸和压缩的基本动作可起到消减振动的作用。

1. 拉伸过程

活塞杆及活塞相对于缸筒向上移动，此时称为拉伸过程（图 15.13a）。

活塞在拉伸过程中，活塞上部油液受到活塞的压力，经过芯阀节流孔的油液，流到活塞下部，因为节流孔的开度是有限制的，所以，必然产生节流阻力。摇枕欲振动则必须克服节流孔的阻力而做功，其结果使振动能量被消耗，振幅得到衰减，起到了减振作用。

由于活塞上升后，活塞下面的体积增加，而上部只能向下补充少量体积的油液，所差体积的油液在压差的作用下，由储油缸从进油阀口进入活塞下部，用以补充油液的不足。

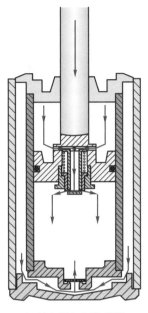
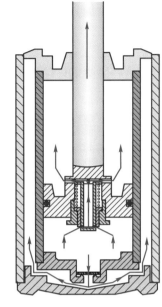

(a) 活塞杆向上(拉伸时)　　　　　　(b) 活塞杆向下(压缩时)

图15.13　油压减振器

2. 压缩过程

活塞杆及活塞相对于缸筒向下移动，此时称为压缩过程（图15.13b）。

在压缩过程中，油液的流动过程与拉伸时相反，活塞下部的油液受到活塞的压力，一部分油液通过活塞上的小孔（芯阀节流孔）流到活塞上部，而另一部分油液通过进油阀阀瓣上的小孔流到储油缸，这两部分油液在流动过程中都会产生节流阻力，即被连接件欲振动则必须克服节流阻力做功，其结果使振动能被消耗，振幅得到衰减，起到了减振作用。

综上所述，油压减振器的原理可简述如下：油压减振器活塞上下充满油液，当被连接件上下移动时，就必然带动活塞杆和活塞拉伸和压缩，拉伸时把活塞上部的油液通过芯阀节流孔压向上部和经阀瓣节流孔压向储油缸。而节流孔的开度是有限制的，液体流动时必然产生节流阻力，阻力总是与活塞的位移方向相反，摇枕欲振动则必须克服油液流动时的节流阻力做功。因此，振动能被消耗，振幅得到衰减，起到了减振作用。

15.3　空气弹簧

空气弹簧是在一个密封的容器中充入压缩空气，使腔体内的压力高于大气压的几倍或几十倍，利用气体的可压缩性实现其弹性作用的。空气弹簧具有较理想的非线性弹性特性，加装高度调节装置后，车身高度不随载荷增减而变化，弹簧刚度可设计得较低，乘坐舒适性好。但空气弹簧悬架结构复杂、制造成本较高。

空气弹簧按气囊的结构形式可分为囊式、膜式和复合式三种。

图15.14所示为快速旅客列车上使用的自密封式空气弹簧，它主要由橡胶囊1、上盖2、橡胶堆3、下座4、节流阀5和充气阀门6组成。空气弹簧在列车转向架上的位置如图15.15所示。初始状态下，空气弹簧充气到规定压力（车体达到规定高度）。车辆载荷发生变化时，在高度调整阀的配合下，自动调整空气弹簧内的气压与之适应，以维持车体高度不

发生变化。当车体静载荷增加时（如旅客上车），车体降低，高度控制阀控制向空气弹簧充气，空气弹簧内气压升高，使车体恢复到原来平衡的高度；当车体静载荷减小时（如旅客下车），车体升高，高度控制阀控制空气弹簧排气，空气弹簧内气压降低，使车体恢复到原来平衡的高度。这样的调整只在静态时进行，不影响车体与转向架间的正常振动。

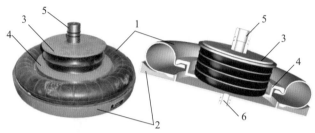

AR

自密封式空
气弹簧

1—橡胶囊；2—上盖；3—橡胶堆；4—下座；5—节流阀；6—充气阀门

图15.14　自密封式空气弹簧

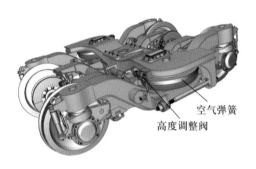

空气弹簧

高度调整阀

图15.15　空气弹簧在列车转向架上的位置

👓 思考与练习题

15.1　弹簧主要有哪些功能？试举例说明。

15.2　图15.16所示的自行车采用了哪些弹性连接？采用这些连接有什么优点？

图15.16　题15.2图

15.3　查找资料，写出有关"空气弹簧"的结构及工作原理的研究报告。

参 考 文 献

［1］濮良贵，陈国定，吴立言.机械设计.10版.北京：高等教育出版社，2019.

［2］彭文生，李志明，黄华梁.机械设计.2版.北京：高等教育出版社，2008.

［3］徐灏.新编机械设计师手册.北京：机械工业出版社，1995.

［4］齿轮手册编委会.齿轮手册：上册.2版.北京：机械工业出版社，2004.

［5］张久成.机械设计基础.2版.北京：机械工业出版社，2011.

［6］黄森彬.机械设计基础：机械类.2版.北京：高等教育出版社，2008.

［7］邓昭铭，卢耀舜，周杰.机械设计基础.4版.北京：高等教育出版社，2018.

［8］陈立德，罗卫平.机械设计基础.5版.北京：高等教育出版社，2019.

［9］JOSEPH E S, CHARLES R M, Mechanical Engineering Design. 7th ed. New York: McGraw-Hill Science, 2003.

［10］斯波茨，舒普，霍恩伯格.机械零件设计.缩编版.英文：第8版.北京：机械工业出版社，2007.

读者意见反馈

为收集对教材的意见建议，进一步完善教材编写并做好服务工作，读者可将对本教材的意见建议通过如下渠道反馈至我社。

咨询电话　400-810-0598

反馈邮箱　gjdzfwb@pub.hep.cn

通信地址　北京市朝阳区惠新东街4号富盛大厦1座　高等教育出版社总编辑办公室

邮政编码　100029

防伪查询说明

用户购书后刮开封底防伪涂层，使用手机微信等软件扫描二维码，会跳转至防伪查询网页，获得所购图书详细信息。

防伪客服电话　（010）58582300